無から生まれた世界の秘密

宇宙のエネルギーはなぜ一定なのか

ピーター・アトキンス 著
渡 辺 正 訳

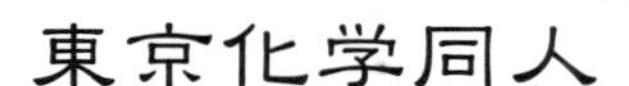

CONJURING the UNIVERSE

the Origins of the Laws of Nature

Peter Atkins

まえがき

肉体はなくても超ご多忙な神様（造物主）が、数えきれない電子やクォーク、光子の一個一個にこまごまと指示を与え、それぞれの仕事をさせている……自然界の営み（物理法則）をそんなふうにみる人がいます。けれど、物理法則はそこまで複雑なものではない——というのが私自身の直観です。その直観を手がかりに、もっと単純な見かたもあるのではないかと考え続けた結果を、本書にまとめました。

科学者は、複雑な世界から共通のコア（原理）を削り出し、現れたコアが単純なほど好ましいと感じる人種です。私も自然界の削り出しを進め、最奥部とおぼしい場所を見つめたところ、たいていの物理法則は、宇宙誕生のとき、かなり単純なやりかたで生まれたように思えました。物理法則は、つまり私たちがいる世界の姿は、おもに**手抜き**（怠慢、サボり indolence）から生まれ、**アナーキー**（無政府状態、無秩序 anarchy）がその形を整え、ときどき**不可知**（知りようのないこと、無知 ignorance）も手を貸した……そんなイメージが浮かんだのです。

本書の話は、おおよそ、暮らしとの縁も深い力学（古典力学、量子力学）と熱力学、電磁気学にかぎりました。最後の章二つでは、物理学や化学で使う基礎物理定数の素顔を探り、法則の数式化に役立つばかりか宇宙そのものの深部にも切りこめそうな数学の効用を考察します。

私たちの住む世界は、どうやって生まれたのか？　過去三百年間に目覚ましく研究が進んでも完全解明からは遠いため、結論めいたことの一部は、むろん私の憶測にすぎません。なお、本文の補足説明や、理解を助けそうな数式は巻末の注記に閉じこめたので、ご関心のある読者は注記をお読みください。

読者も抱いてこられた疑問に少しでも答えているなら、そして、みごとなまでに複雑な世界の呆れるほど単純な側面を明るみに出せたとすれば、うれしいかぎりです。

二〇一七年　オックスフォードにて

ピーター・アトキンス

推薦のことば

小　林　　誠（高エネルギー加速器研究機構 特別栄誉教授、
二〇〇八年度ノーベル物理学賞）

私は研究のかたわら、初中等の理科教育にも関心をもち、本書の訳者である渡辺 正氏とは中学校理科の教科書の編集でご一緒してきた縁がある。

このたび同氏より、アトキンス博士の「無から生まれた世界の秘密」（原題 Conjuring the Universe）の物理学部分につき校閲を依頼され、一読のうえたいへん興味深い本と思い快諾した。

物理学における基本的な法則や原理とよばれるものは、広い範囲の自然現象の背後に共通する規則性を抽出している。その分、抽象的な性格をもち、初めて学ぶ者にとっては敷居が高いと感じられることが多いようだ。原著者は「手抜き」や「アナーキー」といったユニークな視点から、これらの基本法則のイメージを膨らませてくれる。時間の均質性も、その帰結であるエネルギーの保存則も、造物主の手抜きの結果だという具合である。

平易な言葉で物理学の本質に迫る本書を通じて、若い読者が物理学の考え方に親しみをもつようになることを期待している。

二〇一九年一〇月

目次

著者紹介

ピーター・アトキンス（Peter Atkins）

一九四〇年英国生まれ。レスター大学化学科で学位を取得。一九六五年からオックスフォード大学リンカーン・カレッジに勤務（二〇〇七年退職、フェロー）。IUPAC（国際純正・応用化学連合）化学教育委員会初代委員長、IUPAC物理化学・生物物理化学部会の委員を務めた。

世界的に名高い『アトキンス物理化学』、『アトキンス一般化学』をはじめとする化学教科書、一般向け科学書『ガリレオの指』、『万物を駆動する四つの法則』など、多数の著作がある。講演のため各国をたびたび訪れ、化学を世に広く伝えた功績で二〇一六年 Grady-Stack Award（米国化学会）受賞。

どんな知識も、知識の種子となる驚きも、
愉（たの）しみとして私たちの心に刻まれる。

――フランシス・ベーコン『学問の進歩』（一六〇五年）

1章　永遠を想う――世界をつくる物理法則

　私の発想をお伝えするには、少し心の準備をしていただく必要があります。やや突飛な発想ですけれど、突飛に見えて正しい話は少なくありません。

　自然科学は、折々の変革を経て前に進みました。常識を引っくり返す変革が「パラダイムシフト」ですね。まずは変革の例をいくつか眺めましょう。

　古代ギリシャのアリストテレス（紀元前384～322）は、たぶん大理石の椅子に座って弓矢を思い浮かべ、矢を前に飛ばすのは、矢の後ろにできる空気の渦だと推定します。また、牛が引いてぬかるみを進む荷車を思い浮かべ、物体は「力をつぎこむからこそ動き続ける」と考えました。

　しかし一九五〇年後のガリレオ（1564～1642）が、そしてほぼ一〇〇年後のニュートン（ユリウス暦1642～1727）も空気や泥の働きを見抜き、アリストテレスとは反対に、物体は「力が加わらないかぎり動き続ける」と結論します。空気はむしろ矢の動きを邪魔するのです。事実、（むろんアリストテレスは知りようもなかった）真空中なら、空気中より矢は飛びやすい。また、泥道ではなく（やはり暖かい国のアリストテレスは知りようもなかった）氷の上なら、押した荷車は牛が引かなくてもしばらく滑り続けますね。

これも名高いコペルニクス（１４７３〜１５４３）は、人間の宇宙観を刷新（単純化）します。太陽が地球のまわりを回るという常識を引っくり返し、地球が自転しつつ太陽のまわりを回るのだと確かめました。

以上より難解な、ただし波及効果ではぐっと大きい変革が、二〇世紀の初めに起こります。当時と一〇〇年前の国際紛争など吹き飛ばす威力がありました。二つの出来事が同時かどうかは、見ればわかる……という常識が引っくり返ったのです。一九〇五年にアルベルト・アインシュタイン（１８７９〜１９５５）が、空間と時間は別物ではなく、時空（時空間＝スペースタイム）の成分にすぎないと証明します。時間と空間が混じり合う度合いは、観測者の速さで変わる。相対運動する人どうしなら、二つの出来事が同時に起こったのかどうかと問われたとき、答えが一致しなくなるわけですね。

アインシュタインの発見は、話をややこしくしたように見える半面、いろいろな現象の数学表現を単純化できるものでした。何かを説明するのに、ニュートン力学の式あれこれを日曜大工よろしく組合わせなくても、「融合した空間と時間」の考察から、ニュートン物理学の数式類がひとりでに出てくるからです。

同じころ生まれた量子論の研究者が、次の大改革をもたらします。かのニュートンも世界の一部しか見ておらず、だからアインシュタインの時空もまだ不完全だとわかったのです。空気や泥の抵抗がない運動を数式化したニュートンも、目に見える物体しか頭になかったため、「ものの位置も速度もぴったり決まる」と信じきっていました。

一九世紀までの古典物理学になじんだ人々は、位置と速度を一緒に決めるのが不可能だと知って仰天します。ヴェルナー・ハイゼンベルク（１９０１〜７６）の不確定性原理（一九二七年）です。自然界を表現する土台がガラガラと崩れるような話だから、みんな途方に暮れました（ただしいずれご説明するとおり不確定性原理は、ものごとの完全な理解や表現を台無しにしたわけでもありません）。

一見したところさらに悪い話も登場します（ほかのパラダイムシフトと同じく、見た目は悪化でもじつは改良になる話）。常識だと、粒子と波はまったくの別物です。粒子はかたまりだし、波は揺れ動く何か。けれど一九世紀の末から二〇世紀の初めにかけ、粒子と波は別物ではないとわかりました。まず一八九七年に物理学者Ｊ・Ｊ・トムソン（１８５６〜１９４０）が見つけた電子は、どうみても粒子そのものです。けれど一九一一年に息子のＧ・Ｐ・トムソン（１８９２〜１９７５）が、電子には波の性質もあることを確かめます。勝手な想像を巡らせば、そのころ父子は、朝食のテーブルでチラチラと冷たい視線を交わしていたのではないでしょうか（「粒の電子」を見つけた父も、

「電子は波だ」と証明した息子も、それぞれノーベル物理学賞を受賞)。

ほかの証拠も続々と集まります。たとえば、波(電磁波)としか思えない光に、粒子の性質がありました。つまり観測のしかたに応じ、粒子が波の性質を見せ、波が粒子の性質を見せるとわかったのです。

そうした新知見をもとに一九二七年ごろ、量子力学が完成します。主役の二人が、北海のヘルゴランド島で花粉症の治療中だったハイゼンベルクと、愛人と山岳リゾート地へ旅行中だったエルヴィン・シュレーディンガー(1887~1961)です。量子力学は、粒子と波の区別をなくしました。常識の基礎を揺さぶり、あらゆるものが粒子と波の二面性をもつと教えたのです[1]。

もう少し進みましょう。世界(自然界)の奥が見えてくるほど、常識はどんどんアテにならなくなりました。常識とは、暮らしで出合う経験からくる直感です。これから消化される食物のようなもの。私たちの脳は、自然界についての観察・実験結果を(食物のように)消化し、新しい地平を拓(ひら)きます。常識の皮を一枚ずつ(合理性は保ちながら)剝(は)いでいくたび、自然がその本質を現すようなのです。そこで、常識を捨てる心の準備をしていただいた読者に、もうひとつ、たぶん常識外れのことをいわせてください。

ひとことでいうと、宇宙誕生の際、たいしたことは起こらなかった、つまり**わずかなこと**(not much)が宇宙を生んだ——という私自身の直感です(今後くり返し書くことになります)。むろん宇宙の誕生は大事件でした。超絶の大変動……鮮烈な幕開き……時空を揺るがす大爆裂……灼熱の巨球……驚天動地の大スペクタクル……のイメージでしょう。ビッグバン（大爆鳴）という言葉もおなじみですね？　一九四九年にフレッド・ホイル（1915～2001）が、ジョージ・ガモフ（1904～68）の「火の玉」説を「そんな大ボラ（ビッグバン）は信じない」という意味でからかい半分に使い、それを気に入ったガモフが世に広めた言葉だそうです。

ホイル自身は宇宙を、始まりも終わりもなく静かに「定常進化」するものとみていたのですが、それはともかくビッグバンは、「空間と時間を生んだ超高温の大爆発」にふさわしい表現でしょう。爆発のあと勢いよく膨張（インフレーション）を始めて温度が下がってゆき、中年期のいまもゆっくりと膨張を続けている……というのが宇宙のイメージです。

それほどの大事件で、**わずかなこと**しか起こらなかった？　莫大なエネルギーで素粒子なども生んだ宇宙誕生を**わずかなこと**と片づけるのは、いかにも常識外れでしょうが、少しがまんしておつき合いください。ビッグバンが大異変じゃなかったといいたいわけではありません。いま宇宙に残る状況証拠も、宇宙が膨張し続けている証拠も十分だから、一三八億年前の宇宙誕生が大異変だったのは否定しません。けれど私は、その異変にもじつは単純な要素がひそんでいる……と考えるのです。

本書では、宇宙最大の謎のひとつを明るみに出したいと思っています。謎というのはほかでもなく、何の助けもなしにどうやって「**無**から**何か**が生まれた」かです。科学者は、余分な枝葉を払って自然のしくみをつかみたい。あるいは、豊かな自然の根元にある単純な原理を見つけたい。単純なものが根元にあるとわかれば、自然の多彩さに向ける私たちの感動は、いよいよ強まりそうな気がしますので。

図鑑を開いて眺めるだけでも、生物圏の豊かさや複雑さには感動しますが、それだけのこと。けれどチャールズ・ダーウィン（1809～82）の自然選択説をもとに眺め直せば、生物圏の全体像をつかみやすくなり、そのとき、自然を尊ぶ心が薄まるとは思えません。

アインシュタインの一般相対論は、重力の見かたを単純化しました。重力は、物体が時空のゆがみに落ちこむから現れるというわけ。一般相対論の方程式はだいぶ難解でも、考えかたはむしろ単純化されています。そんなふうに枝葉を払って幹に注目する営みが、科学を見晴らしのよい高みに上げてきました。

まだ何かだまされた気分の読者も多いとは思いますが、先ほどの予告をくり返しましょう。宇宙誕生の折りに**わずかなこと**だけ起こったと考えれば、自然界のしくみをつかみやすくなるのです。

わずかなこととは何なのか、まだご説明していません。じつは「**わずかなこと**だけ起こった」というより、「**何も**起こらなかった」と書きたい気分でした。何ひとつ起こらなかったとすれば、造物主（神）をもち出すまでもないし、科学は何ひとつ説明する必要がない……のですけれど、そこまで極端に走るつもりはありません。

科学の一部には、「ある問いは無意味」だと証明できて、前に進んだものもあります。動き合う二人の観察者から見て、「ある出来事が同時に起こったといえるのか？」という問いが、アインシュタインの特殊相対論を生みました。相対論の場合は、「同時に起こる」が意味をもたないわけですね。科学の外なら、「針の頭で何人の天使が踊れるか？」は、天使が存在しないと証明できれば、問いそのものが意味をなくします。つまり、問いが無意味だと証明するのも立派な「答え」だといえましょう。

本書の場合、「**わずかなこと**とは、どれほどのことか？」が、読者の問いになるはずです。ひとことでお答えできる話ではないため、問いに意味があるかどうかも含め、けっして逃げることなく、順を追ってご説明します。

＊　＊　＊

宇宙誕生の際に**わずかなこと**しか起こらなかったとすれば、よく知られた物理法則の一部が、ひとりでに出てくる……ということを、これからゆっくり考えます。

いい換えましょう。宇宙の誕生を擬人化し、造物主（神）のようなものを考えるなら、世界のしくみ（物理法則）は、造物主の**手抜き**（怠慢、サボり indolence）から生まれました。むろん**手抜**

きはわずかなことと密接にリンクします。**手抜き**と並ぶ大きな要因が**アナーキー**（無政府状態、無秩序 anarchy）ですが、ときには**アナーキー**を**不可知**（知りようのないこと、無知 ignorance）が手助けした……というのが私の見解になります。まだ狐につままれた感じの読者も多いでしょうね。

本書では、自然界の物理法則（physical laws）だけ扱います。目に見えるもの（ボールや惑星など）と、目に見えない放射線や素粒子のふるまいを決める法則です。同じ law の類でも、万能の神（善悪の調停者）にからむ道徳律（moral law）のようなものは念頭にありません。また私は、生物現象と社会現象も根元は物理法則だと思う人間ですが、**手抜き**と**アナーキー**は、たまたま人間の行動にも通じますね（くわしくは後述）。

* * *

さて物理法則とは何でしょう？　法則の根元が**手抜き**や**アナーキー**だとわかったら、いったい何を説明できるというのでしょうか？

大まかにいえば法則とは、もののふるまいについての経験をまとめたものです。「投げ上げたものは落ちてくる」や「見つめただけで水は沸騰（ふっとう）しない」というような常識を洗練したもの、といえましょうか。ただし常識は正しいとはかぎりません。ものすごい速さで投げ上げた物体は、地球の引力を振り切るから落ちてこない。水も、長い時間ずっと見つめていれば（沸騰ではないものの）蒸発してしまう。物理法則とよぶためには、条件をきちんと整え、外部要因（荷車につく泥や、弓矢をとり囲む空気。章の冒頭参照）をできるだけ除いて観測し、本質を抽出したものでなければなりません。

物理法則は、時と所によらず正しいと思われています。はるかな過去から未来永劫（えいごう）に、また実験室ばかりか別の大陸でも、さらには宇宙のどこでも成り立つ。空間と時間がゆがむブラックホールのような場所を除き、穏やかな空間なら、「いまここで正しい」法則は、「いつか別の場所でも正しい」……と思うのがふつうですね。

せいぜい数立方メートルの実験室で確かめた物理法則は、宇宙全体でも成り立つように思えます。また、人間の一生などは超え、永遠に成り立ちそう。ふつうはそんな気がしますが、頭からそう思っていいかどうかは、やや微妙な問題です。

五感でピンとくるサイズ、宇宙の年齢よりずっと短い時間、宇宙よりはるかに小さい地球上の空間なら、物理法則はいつでもどこでも変わりません。空間を銀河くらいに広げても、時間なら数十億年前も数十億年後も、物理法則はたぶん同じでしょう。

けれど、何兆年先か、ひょっとしたら明日の夜にでも、いま四次元の時空に別の次元がひとつ加わる……という可能性はゼロではありません。そうなれば、いま私たちの知っている物理法則は、そのままでは使えない。とはいえ新しい五次元の世界も、四次元の法則を延長した形で理解できるだろうと思います。むろん想像の翼を広げた発想ですが、そんなふうに、物理法則は進化のタネを秘めている、と考えておきましょう。

たいていの物理法則は、たとえ妨害要因（車輪につく泥など）を除いても、完璧なものではありません。科学史の大物ひとりと、彼の名をもつ「小さい法則」ひとつを考えましょう（「大きい法則」と「小さい法則」の意味は後述）。

発明の才もあった賢者ロバート・フック（1635〜1703）が、バネの伸びを調べました[2]。その結果を彼は一六六〇年、当時の習慣に従い、*ceiiinosssttuv* というラテン語のアナグラム（順序を変えた文字列）で発表。先取権を主張しておき、細部をゆっくり詰めようというわけですね。そのアナグラムを後日、*Ut tensio, sic vis*（伸びは力とともにある）だと公開しました。いまのいいかたなら、「バネの復元力は、伸ばした（または押し縮めた）長さに比例する」です。その法則は、現実のバネばかりか、（フックも、同時代のニュートンも知らなかったことですが）原子どうしの結合にも当てはまります。

ただし、バネを引き伸ばすほど比例関係から外れるため、フックの法則は「近似」にすぎません（その場合アナグラムも、否定の *non* を足した *ceiiinmoossttuv* が正しい）。とはいえ、近似だと心得ておけばフックの法則も、バネの性質をつかむのにいいガイドでした。

近似ではなく、無条件に正しい法則もあります。そのひとつ、本書の中核を占める**エネルギー保存則**（エネルギー保存の法則）を考えましょう。エネルギーは生成も消滅もしない。形はしじゅう変わっても、はるかな過去から未来永劫、総量は変わらない……という法則です。

ときにはそれが新しい発見につながります。たとえば一九二〇年代に見つかった原子核の放射壊変（かいへん）では、エネルギーが保存されないように見えました。そんな新現象もありうる……と考えた研究者もいたけれど、オーストリアの物理学者ヴォルフガング・パウリ（1900〜58）が、エネルギーの一部を未知の粒子が運び去ったのではと考えます（一九三〇年）。そこで調べを続けた結果、いまニュートリノとよぶ素粒子が見つかり、それがエネルギーを運び去ったのだと判明。つまり、核の壊変もエネルギー保存則に従っていたのです。

世界（宇宙）はエネルギー保存則で動く、と心得ましょう。ある現象が別の現象をひき起こすしくみ（因果律）にも、エネルギー保存則が深くからみます。そんなふうにエネルギー保存則は森羅万象の心臓部をなすため、今後の話でも、太い柱の一本として何度も登場することになります。

さて、物理法則あれこれは、性格に応じて分類できます。分類のひとつは、どんな条件でも正しい法則と、理想条件のときだけ正しい（現実世界では近似にすぎない）法則に分けるやりかたです。いつも正しい前者を内部法則（インロー）、近似にすぎない後者を外部法則（アウトロー）とよびましょう。エネルギー保存則は内部法則、フックの法則は外部法則の例になります。

内部法則は宇宙のつくりに関係し、法の世界なら憲法にあたる法則です。世界のしくみを支える土台といえましょうか。その筆頭をなすエネルギー保存則を、私自身は「あらゆる内部法則の母」とみています。フックの法則や、すぐあとで書く法則が、内部法則から派生したような（法学なら法律や条例にあたる）外部法則です。低位だとはいえ外部法則がないと自然の理解はできないし、実のところ、外部法則の発見や応用、解釈が科学を前に進めてきた現実もあります。とはいえ外部法則は、軍隊ならさしずめ、将軍（内部法則）に従う下士官のようなものだと考えましょう。

もうひとつ、「極限法則」にも注目すると、話の見通しがよくなるかもしれません。近似的に正しい外部法則のうち、「ものの量が少ないほど正確さが増し、量がゼロの極限で完璧に正しい」法則をいいます。「ものがないとき」にだけ正確なら、役に立ちそうもない……と感じる読者もおられましょうが、じつはたいへん役に立つ法則なのです。一例を紹介しましょう。

アイルランド出身の英国貴族ロバート・ボイル（1627〜91）は一六六〇年ごろ、オックスフォード郊外（いまのユニバーシティ・カレッジ敷地）にある小さな研究室で、助手のロバート・フック、リチャード・タウンリーと、「空気のバネ（圧縮したときの抵抗）」を調べていました。やがて法則をひとつ見つけます。[3] 空気の量が決まっていれば、「圧力×体積」は一定だという法則です。圧力を上げると体積は減るものの、圧力と体積の積は変わらない。高校でも習うボイルの法則ですね（自国の文化を大事にするフランスでは、ほぼ同時期のエドム・マリオットの名で「マリオットの法則」とよぶため、フランス人に「ボイルの法則」はまず通じません。6章も参照)。
ボイルの法則も近似的なものでした。圧力と体積の積は、気体の量が少ないほど「一定値」から外れにくくなり、「完全な規則性」に近づきます。話の行き着く先はわかりますね。ボイルの法則が完璧に正しいのは、気体がまったくない(あっても分子が一個だけの)ときにかぎるのです。それが極限法則の姿だと考えましょう。

この話では、二つ補足をしておく必要があります。まず、いま私たちは、気体分子が少ないほどボイルの法則が正確に成り立つと知っています(ボイルは知りませんでした。気体が分子の集団だと確かめられるのは二〇世紀だから)。簡単にいうと、法則が正確でなくなるのは、分子どうしの働き合い(相互作用。引き合いと反発)があるからです。気体の量が少なく、分子どうしが十分に遠ければ、分子たちはバラバラに(カオス的に)動けます(気体 gas とカオス chaos の語源は同じ)。車輪の「泥」に似た相互作用を剝ぎ落とすほど、「純粋なカオス」に近づくわけですね。

補足その二は、いまの話ともからみますが、もっと大事なポイントです。極限法則は、「泥」を落とした本質を教えます。ボイルの法則は、「実在気体」から相互作用を除いた「気体の本質」を表す。つまり極限法則は、物質や現象の本質に迫る出発点だと思いましょう。そんなふうに大事な極限法則の類には、これからも出合います。

自然界の法則には、数式で書けるものと、言葉にとどまるものがあります。本書の場合、数式はみな本文から落とし、巻末の注記に押しこめました。本文の要点を数式で確かめたい読者は、注記をお読みください。数式で表した法則（たとえばアインシュタインの一般相対論）はむろん話の定量化に役立ちますが、本文では、要点を言葉でお伝えするよう精いっぱい努めます。実際、言葉を使った数式の説明は、数式の意味をつかむために欠かせません。内容をきちんとつかんでいれば、数式を使わなくても他人に説明できるのですから。

とはいえ、たいていの物理法則は、数式で表せたら中身をつかみやすくなります。物理法則を考える際、なぜその法則が生まれたかは大事な問いですが、それと同じくらい重い問いが、なぜ数学がこれほど役に立つのかです。人間の心の産物（数学）は、いったいなぜ、現実世界のしくみをうまく解剖できるのか？　宇宙の深部に迫る大事なポイントですから、その問題は最後の9章で考えます。数学が役立つ理由を含め、現実世界の理解に向けた問いかけは、みな根元でつながっているのではないか？　──私はそんなふうに感じています。

*　*　*

本章の締めくくりに、物理法則の周辺を少し眺めておきましょう。前にもいいましたように物理法則とは、もののふるまいを観察した結果のまとめです。まとめは段階を通って進め、まずは**仮説**（hypothesis：語源は「家の土台」を意味するギリシャ語）を設けます。観察結果がなぜそうなるのかの推測が仮説です。くり返し観察した結果が仮説に合えば、その仮説は**理論**に昇格します（理論 theory の語源は「推測と考察の組合わせ」を意味するギリシャ語。劇場 theater も同源）。

つまり理論は「成熟した仮説」です。まとまった形の理論は、ほかの分野にも使われ、観察や観測の結果と突き合わせつつ検証されます。理論から未知の現象を予想し、それが新しい発見につながることも少なくありません。数式で表された理論なら、式の変形や推論を通じて、新しい何かを予測できることもあります。

何かひとつでも仮説と合わない観測結果があれば、仮説は（それをもとにした理論も）捨てるしかありません。そのときは原点に帰り、別の仮説を立て、検証し……の流れを経て新しい理論ができたりします。

いま私は、「観察→仮説→観測（実験）→理論」の流れを一本道のように書きましたが、現実はだいぶちがいます。科学の手順はそれほど四角四面ではなく、とりわけ初期の段階では、直感がモノをいうことも多いのです。科学者とは、直感に頼って知のジャンプをし、ときどきミスをしながらも、他人のアイデアを盗んで混ぜ合わせたりして、運がよければ成果をあげる……そんな人種だと思ってください。

科学を紹介する本にいくらスッキリ書いてあろうとも、人間のする研究が泥臭いのはあたりまえです。人間臭さという「泥」を落として極限法則のイメージにしたのが、科学の「きれいな描写」

だといえましょう。

きれいに紹介される研究も、現実のドロドロした研究も、仮説と観察・実験結果を突き合わせるところに変わりはありません。量子論の確立に活躍したマックス・プランク（1858〜1947）もいったとおり、「何かを知るための道は実験しかない。実験の裏打ちがない話は憶測にすぎない」のです。

理想的な「実験→検証」の道をたどりにくい分野もあります。典型例のひとつがダーウィンの進化論（自然選択説）でしょう。ただし実験はできなくても、数式を使う解析はありえます。ダーウィン自身は数学を使いませんでしたが、のちの研究者が数式化した結果、理論のパワーがぐっと上がりました。

進化論の根元が物理法則かどうかは微妙です。進化論は化石や種の多様性を観察した結果で、なにしろ生物はまだ謎だらけだから、法則ふうの簡潔な表現にするのはむずかしい。それでも、ダーウィンと同時代の哲学者ハーバート・スペンサー（1820〜1903）が一八六四年刊の『生物学の原理』で「適者生存」という語をつくり、その発想をもとにダーウィンが仕上げた力強い法則は、物理法則に引き写せば、まちがいなく重い内部法則（インロー）の類でしょう。

＊　＊　＊

以上が、次章から始まる話の骨組みです。まずは、重い内部法則と軽い（低位の）外部法則の区別を心にとめてください。次章以降でそれぞれの具体例を眺め、宇宙誕生とからめながら、法則の起点に迫っていくことになります。

第二に私は、宇宙誕生のとき**わずかなこと**（not much）しか起こらなかったといいました。擬人化すると、神様＝造物主は**手抜き**（indolence）をした（2章）。また、**手抜き**で生まれたあとの世界では、**アナーキー**（anarchy）が主役のひとつだった（3章）——そうしたことの意味も探っていきたいと思います。なお、自然界の物理法則と数学の深い関係は、最後の9章で扱いましょう。

2章　豊かなる虚無——物理法則のゆりかご

無（nothing）は実り豊かなものです。果てしなく広がる**無**は**あらゆるもの**（everything）を含むのですが、その**あらゆるもの**に私たちはなかなか気づけません。

いま私はわざとわかりにくい表現をしました。読者の目を引き、興味をもっていただくためです。近い表現はヒンドゥー哲学の「無なきが有なり」かもしれませんが、それもわかりやすいとはいえませんね。ここから先は、**無**の豊かさを実感していただくのが目標です。むろん（宗教ではなく）科学として**無**の意味を考え、世界のしくみと**無**の深い関係を浮き彫りにしたいと思います。

結論めいたことをいっておきましょう。宇宙は**無**から誕生し、誕生後の物理法則は（擬人化すれば造物主の）**手抜き**（怠慢、サボり）から生まれました。つまり原初の**無**こそが、森羅万象を織り上げたのです。

それをおわかりいただくための一歩として、まず心の中に**無**を思い浮かべてください。いずれややこしいこともご想像いただくわけですが、とりあえずは「空っぽ」でかまいません。無限に広い空間と、はるかな過去から未来へと続く時間。方角も時の流れもなく、どちらを向いても均質・対称な「空っぽ」です。よろしいですか?

読者が思い浮かべた「時空の荒野」に、ある人をお連れします。想像力豊かなドイツの女性数学者エミー・ネーター（1882～1935）です。

エアランゲンに生まれたネーターは、女性差別を跳ね返してドイツ初の女性教授（ゲッチンゲン大学）となります。一九三三年にナチの迫害を逃れて米国に渡り、ペンシルベニア州のブリンマーカレッジに職を得ました。惜しくも五十代で世を去るまでに、抽象数学の概念を広げ、重要な定理を遺します。やはり大数学者だったノーバート・ウィーナー（1894～1964）が「史上もっとも偉大な女性数学者」と評した彼女には、アインシュタインもすっかり心服していたようです。

彼女が一九一五年に着想し、数年後に発表した定理があります。細部に目をつぶってポイントだけ書けば、**対称性には保存則が伴う**（対称性があれば、何か保存量がある）というものです。[1] 理論物理学で太い柱になるばかりか、本書の話を前に進める動力にもなるものですから、「対称性」や「保存則」の意味も含め、ゆっくり説明していきましょう。

まず「保存則」とは、ある現象が進むとき、特別な性質（物理量）の値が変わらない（保存される）ことをいいます。そのひとつ、先ほども書いたエネルギー保存則をまず調べましょう。

＊　＊　＊

エネルギーは、暮らしでよく使う言葉ですが、意味を他人にきちんと伝えるのはやさしくありません。誰でも日ごろ大量のエネルギーを買っているのに、「何を買ったの？」と訊(き)かれたとき、答えにくいわけですね。

エネルギーという語は、一九世紀の初めごろ物理学の世界に入りました。たいへん役に立つとわかったためたちまち科学全般に浸透し、「力」が主役だったニュートン力学をも刷新します。エネルギーの考えかたが採用され、現象の整理に役立つとわかって、文字どおり全部の教科書が変わりました。力は具体的、エネルギーは抽象的ですが、抽象的だからこそ応用範囲が広いのです。抽象的なものは話の枠組みを整え、観察などで肉づけできます。かたや具体的なものあれこれは、知の海のあちこちに浮かぶ島のようなものだといえましょうか。

エネルギー energy は「内に秘めた活力」を意味するギリシャ語から生まれました。つまりエネルギーは「仕事をする能力」です。まだイメージはくっきりしないかもしれませんが、少なくとも「考える方向性」はわかりますね。たいていの仕事に使う「力」を手がかりにすればイメージしやすいでしょう。

仕事では、ものを無理やり（何かの力に逆らって）動かします。重力に逆らっておもりをもち上げるのも、電池から回路に電子を押しこむ（電流を流す）のも仕事です。使うエネルギーが大きいほど、できる仕事の量も多い。縮めたバネは伸びきったバネよりエネルギーが大きいため、縮めたバネは仕事ができても、伸びきったバネは仕事ができません。容器に入れた水なら、冷たい水より熱い水のほうがエネルギーは大きく、それを利用して仕事を生み出すのがエンジンだということになります。

エネルギーにはいろいろな種類があります。飛んでいくボールなどがもつのは運動エネルギー。地球の重力がおもりを引くような、位置で決まるエネルギーがポテンシャルエネルギー（位置エネルギー）。太陽から届く放射エネルギーは、地球の表面を暖かく保つほか、植物の光合成を通じて豊かな生物圏を生みました。(2)

エネルギーの形は変わり合うけれど、**宇宙の全エネルギーは変わらない**。それが、本書の全体にからむ大原則です。ある形のエネルギーが減ったら、同じ量のエネルギーが別の形に変わるか、ほかの場所で同じエネルギーが増えるかしています。

真上に投げたボールを想像しましょう。手を離れた瞬間のボールは、大量の運動エネルギーをもっています。高く上がるにつれて位置エネルギーが増え、運動エネルギーは減っていく。最高点で一瞬だけ動きを止めた際、運動エネルギーがゼロ、位置エネルギーが最大になって、その値は、投げ上げた瞬間の運動エネルギーに等しい。落ちるにつれて位置エネルギーが減り、運動エネルギーが増えていく。けれど最初から最後まで、全エネルギー（運動エネルギー＋位置エネルギー）は変わりません。**エネルギーは生成も消滅もしない**と表現してもよい**エネルギー保存則**です。

エネルギー保存則は、新しい素粒子の予測・確認にも役立ちました（1章）。量子論の草分けだったデンマークの物理学者ニールス・ボーア（1885〜1962）が、核反応の不思議な観測結果を見て、エネルギー保存則が成り立たないのではと首をひねります。じつは、誰も知らないニュートリノ（電荷のない粒）という粒子がエネルギーを運び去っていたのです。ニュートリノは一九三〇年にパウリが理論で予測し、一九五六年の実験で確認されました。(3)

スコットランドの哲学者デヴィッド・ヒューム（1711〜76）は、宗教の「奇跡」について、報告を吟味する前に、まず報告者を疑うべしといいました。いま科学者も、エネルギー保存則が成り立たないという報告を信用しません。ニュートリノの場合は、エネルギー保存則と合いそうにもない観察結果を物理学者が信じる前に、決定的な実験が行われた結果、やはりエネルギー保存則は正しいとわかりました。むろん当面、エネルギー保存則の破れる未知の現象がありうることは、誰も否定できないのですが。

だいぶ先の8章では、ハイゼンベルクの不確定性原理とエネルギー保存則の関係を考えます。不確定性原理のせいで、ごく短い時間内ならエネルギー保存則は破れる……と解釈する人もいるため、ほんとうにそうなのかどうかを当たるためです。

身近なスケールだとエネルギー保存則は、永久機関（燃料を消費しないエンジンなど）はつくれない、というふうに表現されてきました。事実、「ついに永久機関を完成！」と多くの人が声を上げてきたけれど、ことごとくインチキだったし、今後ともインチキでしょう。

つまり無限のエネルギー（や富）は手に入らないとわかったのですが、大儲けをねらう行為が、たいへん強力な熱力学の諸法則（5章）を明るみに出しました。「無から有を生む」複雑怪奇な装置を次々に発表した詐欺師たちも、インチキを見破られ、あざ笑われたあげく、エネルギー保存則の正しさを受け入れます。そういうわけで、熱力学の確立に（そうとは知らず）手を貸した詐欺師たち（と、詐欺師のウソを見抜いた人たち）には、心から感謝すべきかもしれません。

エネルギー保存則の根拠は無数にあります。ニュートン力学の計算はエネルギー保存則が基礎ですし、見た目でエネルギーが保存されそうにない話にも、必ず別の原因があるのです。やはりエネルギー保存則を基礎にする量子力学の計算も、実験結果とぴったり合う。エネルギーが超高精度で保存されるのを疑う余地はありません。

技術や経済ばかりか、教科書の計算問題でも大活躍するエネルギー保存則は、もっと大きな問題にもからみます。あらゆる現象には原因がある……という「因果律」の基礎も、エネルギー保存則だからです。

因果律がなければ、世界はバラバラな出来事の集まりにすぎません（ゴミ捨て場のようなもの）。因果律があるからこそ、現象の根元が探れる。因果律を手がかりに、宇宙の秩序や営みも整理できる。どんな現象も物理法則に従うため、因果律は科学のコアだとみてもよろしい。そして因果律の中では、出来事に枠をはめるエネルギー保存則が主役を演じます。ある現象が次の現象に移るとき、エネルギーは必ず保存されるからです。

エネルギー保存則は（腐敗のない）警察に似ていて、何かの起こる前後でエネルギーの値が変わるのを絶対に許さない。エネルギーが保存されなければ、現象と現象のつながりがデタラメになり、因果律も成り立たなくなってしまうのですね。

似た「足かせ」はほかにもありますが、何はさておきエネルギー保存則が最重要だと心得ましょう。1章でもいったとおりエネルギー保存則は、物理法則の帝王、あらゆる内部法則の「母」だと思っていいのです。

＊　＊　＊

では、エネルギーはなぜ保存されるのか？　物理法則の帝王はどこから来たのか？　その問いに、先ほどのネーターが答えてくれます。**対称性には保存則が伴う**、というのが彼女の定理でした。いま考えている**エネルギー保存則**なら、対称性のほうは**時間の均質（一様）性**にあたります。つまり時間の均質性が、エネルギー保存則を生むのです。

時間の均質性とは何でしょう？　簡単にいえば、月曜日の実験も木曜日の実験も、同じ結果になるということ。実験条件が同じなら、たとえば振り子の揺れも、投げたボールの動きも、実験日で変わることはありません。

時間が均質なら、物理法則は時間によりません。ある瞬間の出来事を表す方程式は、別の瞬間の出来事にも当てはまる。惑星が軌道を少し外れるとか、ボールを投げるときの力が少し強いとかで、**出来事の成り行き**は変わっても、法則そのものは変わりません。

少し掘り下げましょう。物理法則が時間によらないためには、**時間は均質に進む**必要があります。つまり時間は、進みが遅く（速く）なったり、止まったりしない。投げたボールや、大スケールなら惑星の公転を思い浮かべ、動きの途中で時間が縮まったり延びたりする状況を想像してください。それなら、ボールや惑星の動きを表す理論などつくれませんね。投げたボールが加速・減速したり、空中に止まったりする。あるいは時間が波打ち、周期的に伸び縮みをくり返すとしても、ボールの飛びかたはデタラメになり、頭脳がニュートンなみの人でさえ、運動のしくみ解明は手に余るはず。いつも同じ物理法則が成り立つには時間がコチコチコチ……と、一定のリズムで流れなければいけない。

そうともかぎらない……と反論する読者がいるかもしれません。たとえば、測定器（目や耳も含む）の感じる時間が、ボールの感じる時間と歩調を合わせて伸縮をくり返すのでは、と。それなら、時間の非均質さ（ゆがみ）に気づけないことになります。とはいえ、運動を表す方程式が、時とともに伸び縮みする量を含むとは考えにくく、だから方程式は運動を客観的に表現したもののはず——と再反論する余地はありえます。また、逆向きにしたネーターの定理「保存量があれば対称性がある」は、もともとの定理「対称性があれば保存量がある」より確度が低いとはいえ、エネルギー保存則はいつも成り立つと知っているからこそ私たちは、時間は均質にちがいないと思ってよいのです。

また、こう反論する読者もいそうです。ニュートンの背中によじ登った趣でアインシュタインは宇宙に目を向け、時間が局所的にゆがんでいるのを証明しました（一般相対論。惑星のような巨大質量が時空間をゆがめる）。すると時間が不均質な場所でネーターの定理は成り立たず、エネルギー保存則も成り立たない……という反論です。実のところ、数学界の巨星、ドイツの数学者ダーフィト・ヒルベルト（1862〜1943）がそんな反論を提出しています。そこでネーターは彼女なりの証明にかかり、結果をまとめる形で補助定理（ネーターの第二定理）を発表しました。以下、いまの反論を私は、二つの弁解でかわそうと思います（科学でも暮らしでも、弁解を重ねても「説明」にならないため、「あやしいやりかた」だということは承知しつつ）。

まず、ネーターにならい、彼女の（第一）定理を「宇宙全体」に当てはめます。物質が生まれ、集まって惑星や太陽系、銀河になったとき、質量が時空をゆがめたとしても、宇宙全体をみれば均質だったはず。どこかに「伸び」があれば、それを打消す「縮み」が別の場所にできたはずです。そのため時空の全体も、成分の「時間」も、ほぼ「フラット」だと思えます。そして第二に、時空のごく小さい領域だけ見ればフラットとみてよく、だから微小領域ではエネルギー保存則が成り立つのです。[4]

こうして、完璧な証明はできないものの、宇宙全体で（ごく小さい領域でも）時間は均質とみてよく、だからエネルギーが保存されること（ネーターの第一定理）を納得いただけるでしょう。つまり時はコチコチコチ……と永遠に歩み続ける。もし時の歩みがコチコチ　コチ　コチコチコチ……という調子なら時間は均質ではなく、エネルギーも保存されません。そのとき世界は理解不能、科学も無駄な営みになってしまいます。

＊　＊　＊

でも、時間はなぜ均質なのか？　まさしくここで私は、前に書いたこと、つまり宇宙の誕生では**わずかなこと**しか起こらず、造物主の**手抜き**があった……という私見をもち出すことになります。宇宙誕生の瞬間を思い浮かべていただく前に、読者が疑問に思いそうな枝葉をいくつか払っておきましょう。

まず、私たちの宇宙は、それを生んだ母宇宙や、さらに前の祖母宇宙……の子孫かもしれません。ただし、最初の宇宙（**原宇宙**）は、**無**から生まれたはず。むろん、いまの宇宙が、やはり無から生まれた**原宇宙**だという可能性もあります。これからの話は、いまの宇宙だろうとご先祖だろうと、ともかく**原宇宙**にかぎりましょう。宇宙の誕生とは、**無**が**何か**になる出来事でした。宇宙の世代数が無限か有限かも、原宇宙の年齢が有限なのかどうかも、よくわかりません。[5] 何をいっても証拠はないし、私の直感も何ひとつ語らない（語ったところで意味はない）ため、無視します。これからの話を左右するポイントでもありませんから。

第二に、時間が「まっすぐ進む」とみるのは単純にすぎるかもしれません。時間というものが、地球の表面みたいに円弧（えんこ）を描いて進むなら「始まり」はなく、遠い未来がじつは現在と合流する……そんな状況もありえます。さしあたり数十億年（地球の年齢）、時間はまっすぐ進んできたように思えますが、それが「巨大な円弧」の一部かどうかは、証拠も反証もありません。いま、「地球は平面」だと思う人を笑いますね。遠い将来、「時間はまっすぐ進む」と思う人を笑う時がきて、宇宙に「始まりがあった」と思う私は笑いもの……かもしれません。ここでも私の直感は何ひとつ語らないけれど、その問題もパスすることにしましょう。

科学はときおり「問いが無意味だと証明して前に進む」と1章に書きました。時間に始まりがあったかどうかも、かりに時間が円弧を描くなら、問う意味がなくなります。「始まりはあったが、そこは終わりでも途中でもあった」と答えても誤答ではないけれど、ピュロス王の戦い（紀元前二八〇〜二七五年）と同様、労多くして割に合わない勝利ですから。

時間が円弧を描くかどうか以外にも、まだわかっていない問題はあります。プランク時間（10^{-44}

秒台）より短い時間に意味はなく（観測不可能）、プランク長（10^{-35}メートル台。光がプランク時間内に進む距離）より小さい距離に意味はない、というのがいまの常識です。すると、ビッグバンからプランク時間がたつまでは、時間も空間も考えられず、それぞれが「均質」かどうかもいえなくなる[6]。当面、その状況をどう扱えばいいのか誰も知らないため、こうした問題も脇に置いておきます。

＊　＊　＊

確かな反証はないので「宇宙に始まりはあった」と考え、**無**が**何か**になった瞬間を想像しましょう。むろんその想像は、哲学や神話、神学の領域です（科学の力もまだ及んでいないため、非科学の領域といってもよろしい）。

いままで読者に、**無**を「空っぽの時空」だと思っていただくようお願いしてきました。ここからはもう少し踏みこんで、**無**を「完全な無」とみます。真空さえない空っぽです（ヒンドゥー教の「無」が近い？）。それを強調するため、**無**（nothing）を改めて**虚無**（Nothing）と書きましょう。空間も時間も、何もない空っぽ。あるのは**虚無**という名前だけです[7]。

宇宙（原宇宙）が生まれたとき、**虚無**が**何か**に変わり（**転化**し）、宇宙は空間と時間をもつようになりました。**転化**の表れをふつうビッグバン（Big Bang）とよぶのですが、私自身は、**転化**に爆鳴（banginess）はなく、**転化**のあとでビッグバンが起こったと考えたい。まず**転化**が進み、機が熟して「バン！」に至ったと思うわけです。

転化がどう進んだかは、まだわかっていません（未来永劫わからないかもしれません）が、いくつか想像はあります。宗教心や詩心のある方々は、（**虚無**の外にいた）造物主がたまたま**虚無**に触れて**何か**に**転化**させた（結果を見て腰を抜かした？）……と考えてよしとされるでしょう。ただしそれはどうみても科学の姿勢ではありません。

さて、どんな成り行きだったかの解明は後世にゆずり[8]、**転化**に焦点を当てましょう。何度か書いたとおり私は、**虚無**が**何か**に**転化**したとき、**わずかなことしか起こらなかった**と考えたい。**虚無**は完璧に均質……というイメージは、受け入れていただけるでしょう。突起も割れ目も穴も、伸びたり縮んだりした部分もない。何か構造があれば**虚無**とはいえませんから。

宇宙誕生のとき**わずかなこと**しか起こらなかったとすれば、**虚無**がもっていた対称性は、そのまま保たれたはず。少なくともその点だけは、**何ひとつ変わらなかった**。だから、**転化**が生んだ空間も時間も均質（対称）でした。とりわけ時間の均質性は、エネルギー保存則につながります（ネーターの定理）。こうして、いちばん大事なエネルギー保存則が誕生し、以後は因果律に従って科学が生まれ、物理世界を探れるようになりました。そのあとは農業や、戦争と局地紛争、感性が、さらには知性と文学、音楽、絵画・彫刻も生まれます。だから**わずかなこと**は、途方もなく多産だったのですね。

宇宙誕生という大動乱を**わずかなこと**とみるのは、むろん仮説にすぎません。けれど仮説は、そこから出てくる話が観測にピタリと合うなら、正しいといえます。いまの場合、私の仮説は、疑う余地のない観測結果（エネルギー保存則）に合うため、誤りではなさそうです。ただし、誤りではなくても、別の仮説も同じ結論になる可能性は残るため、けっして「これだけが正しい」とはいえませんが。

科学は非情です。予想したことの何かひとつでも観測と矛盾すれば、仮説はゴミ箱に行くしかない。科学のゴミ箱は、長年のうちにあふれ返っています。ある一個の予想が正しいとわかっても、以後の作業に気合いは入りますが、全体が正しいと保証されたわけではありません。仮説が理論へと昇格するには、仮説から予想できる話がみな観測に一致するのが絶対条件です。何十年も生き残った理論さえ、ただ一個の食いちがいが見つかってお蔵入りになる――そんなこともよくあるのです。

科学ではどんな発想も、崖っぷちにあると考えましょう。ある一個の予測が観測に合えば「よしよし」ですが、その先は保証されていない。さて私の仮説は、ほかの面でも観測と合い、少なくとも当面、ゴミ箱に行かなくてすむのでしょうか？

＊　＊　＊

ここまでは時間を考えました。ここからは空間を考えます。私たちが生きて活動する空間は、宇宙とともに生まれました。先ほどと同じ感覚で、**虚無が何かに転化**したとき、**虚無**がもっていた均質性は、生まれた空間にも引き継がれたはずです。エミー・ネーターの定理にいう対称性は、いまの場合、**虚無**から受け継がれた空間の均質性にあたります。

空間の均質性とは何でしょう? 時間の均質性と似て、ある実験の結果が、実験場所に関係なく同じになるということです。実験者がどこにいようと、物理法則は変わらない。結果の姿は変わっても、法則そのものに変わりはない。振り子の周期は、海抜ゼロメートルと重力の弱い高山の頂上ではちがいますが、振り子の動きを表す法則は共通です。読者がどこに引っ越しても、物理法則の方程式をいじる必要はありません。

空間と時間に本質的な差はないため(一般相対論にいう時空の成分)、時間についての考察は、みな空間にも当てはまります。時間のときと同様、法則が場所によらないからには、空間そのものが均質なはず。つまり空間は、ここで縮んであそこで伸びているようなものではない。空間がゆがんでいれば、時間の考察と同じく、ボールの飛行を表す理論ができたとは思えません。時間の話と同じことは空間にも成り立ち、宇宙全体の均質性に注目すれば、時空のゆがみにからむネーターの第二定理ではなく、第一定理(対称性には保存則が伴う)を使えます。つまり私は、宇宙空間の全体が均質(フラット)だと考えているのです。

ネーターの定理を使うと、空間が均質なら「運動量」が保存されることになります。そこでまず、運動量と「運動量の保存」の意味を説明しておきましょう。

最初に物体の直線運動を考えます。あとで顔を出す角運動量と区別して、直線運動の運動量を「線型運動量（linear momentum）」とよぶこともありますが、簡単のためただ「運動量」と書きましょう。

運動量は、質量と速度の積をいいます。(9)猛スピードで飛ぶ砲弾の運動量は大きく、ゆっくり飛ぶ軽いテニスボールの運動量は小さい。暮らしで「速度」と「速さ」は区別しませんが、科学では二つをきちんと使い分けます。動く勢い（速さ）のほか、動く向きも考えたのが「速度」です（高校数学の用語でいうと、速さはスカラー量、速度はベクトル量）。たとえば、速さは一定でも向きが変わる運動（惑星の公転など）は、たえず速度を変えている。バットに当てた直後のボールだと、速さは当てる前と同じでも向きが逆転するため、速度（つまり運動量）は符号を変えました。

このように運動量の話では、速さと向きの両方を必ず考えましょう。それが運動量保存（何が起こっても運動量の総量は不変）をやや複雑にします。運動の向きにも注意しないといけないからです（向きに関係ないエネルギー保存だと、その面倒はない）。とはいえ、思い浮かべるのはそれほどむずかしくありません。

やさしい例として、同じ速さで正面衝突するビリヤードの球二個を考えましょう。衝突前の全運動量はゼロでした（同じ速さで向きが逆だから、打消し合う）。衝突後の二個はピタリと止まるため、全運動量はやはりゼロ。勝手な向きに転がる球二個なら、全運動量は一定の値をもちます。衝突後の球二個はそれぞれ別の向きに転がっていきますが、調べてみると全運動量は、衝突前と変わりません。衝突の角度が何度でも、球の質量にどんな差があっても、最初の速さがいくらでも、一度にぶつかる球が三個でも四個でも、衝突の前後で全運動量は変わらない。このように運動量保存の根元には、空間の均質性があるのです。

私の仮説（**わずかなこと**しか起こらなかった）とネーターの定理から出てくる運動量保存則は、確実な、また応用範囲の広い観測事実だといえます。なにしろ運動量保存則は、ニュートン力学（古典力学）全体の基礎をなし、複数の物体が衝突したり引き合ったりする際の軌道を決め、気体の圧力（分子が壁にぶつかる衝撃）を決め、惑星や恒星や銀河の動きを決めるのですから。ジェットエンジンやロケットエンジンの働きも、根元には運動量保存則があります。

虚無と**手抜き**の組合わせは、私たちをだいぶ遠くまで運びました。二つの組合わせが、エネルギー保存則を通じて因果律の基礎となり、ニュートン力学の基礎になって時空間内の運動も説明してくれました。ほかはどうでしょう？　原初の**手抜き**は、ほかにも何か生んだのでしょうか？

＊　＊　＊

先ほどは、質量と速度をもつ物体が空間内を直進するときの運動量（線形運動量）を考えました。運動量にはもうひとつ、回転の「角運動量（angular momentum）」があります。たとえば、地球の自転は固有の角運動量をもち、太陽のまわりを回る公転も別の角運動量をもつ。天体にかぎらず、回転する物体ならどれも角運動量をもっています。月には、地球のまわりを約一か月で公転する角運動量と、軸まわりに自転する角運動量がありますね（公転と自転の周期がぴったり同じだから、地球から月の裏側は見えない）。

さて、（線型）運動量と同じく、**角運動量も保存される**のです。車輪を回すとかボールにスピンをかけるとか、回した物体は角運動量を得るのですが、それとぴったり逆向きの角運動量がどこかで必ず発生します。自転車に乗って東に向かえば、地軸まわりの地球の角運動量がその分だけ減るのです。むろん絶対に観測できないほどわずかですが、どれほどわずかでも「運動量警察」は変化をとらえる。逆に自転車で西へ向かえば、ごくわずかだけ一日を短くします（誰ひとり感知しないものの、運動量警察はそれを見逃しません）。

線型運動量と同様、角運動量保存の意味をつかむには、回転の速さばかりか、回転の向きにも注意する必要があります。でも、回転の向きとは何でしょう？　公転する惑星も、どんな回転物体も、回る向きをたえず変えているのに……。

回転の向きはこう考えます。回転が起こっている平面（回転平面）は決まりますね。回転運動の中心（回転中心）も見当がつきます。そこで、「回転中心に立てた矢印」を思い浮かべましょう。下から見上げたときの回転が時計回りなら、矢印の先端は上に向かう。逆に、上から見下ろしたときの回転が時計回りなら、矢印の先端は下に向かう。身近なものだと、らせん形のコルク栓抜きと同じです。栓抜きを時計回りに回せば、らせん部分がコルクに潜りこんでいきますね。

クルマを前進させるとき、ボディの右側から見れば車輪は時計回りに回っているため、車輪のハブ（中心）からボディの左側へ、矢印が向くとご想像ください。クルマが加速するほど矢印は（速さに比例して）長くなる。停車・後退のとき、矢印は一瞬だけ消えたあと、今度はボディの右側に生える。英国の昔話で戦いの女神ブーディカは、二輪戦車が前進するとき左側の敵を大鎌で倒し、後退するときは右側の敵を倒しました。それと似た状況です。

もうひとつ注意していただきましょう。（線型）運動量は、速度と質量の積でした。その質量は、「直線運動に逆らう抵抗」の目安です。質量が大きいほど、動かすための慣性（惰性、イナーシャ）が大きい……と表現できます。

角運動量でも「動きに逆らう抵抗」を考え、それを慣性モーメントとよびます。物体の怠け心というより［訳注：「慣性」と訳す inertia には「無気力」という意味もある］、「動かしにくさ」を表す語です（物理学のモーメントは、物体が動く方向に沿った作用ではなく、テコに似た横向きの作用をいう。スパナは「ねじりのモーメント」でナットを締める）。

同じ質量の物体でも、慣性モーメントは変わります。たとえば、質量の同じ車輪が二つあって、ひとつは車軸のそばに質量が集中し、もうひとつは周辺部に質量が集中しているとしましょう。回しやすい前者のほうが慣性モーメントは小さい。慣性モーメントの大きい回転物体（弾み車＝フライホイールなど）は、同じ速さで回っても、慣性モーメントの小さい物体より角運動量が大きいのです。回転を止めにくい弾み車は、スムースな回転を持続させるのに使われます。飛ぶ物体の（線型）運動量は、質量と速度の積でした。それと似て、回転物体の角運動量は、慣性モーメントと回転速度の積になります。[10]

角運動量は生成も消滅もしないとも書ける角運動量の保存則は、完璧に実証されています。回転するボール二個が衝突するときや、読者が自転車を加速するとき、角運動量は物体から物体へと移っても、宇宙にある全物体の角運動量を足した値は一定です（たぶんゼロ）。ある物体が、ひねりを速めたりして角運動量を獲得したら、それに接した物体の角運動量は減ります。何かにぶつかってスピンしながらボールが飛べば、どこか別の場所にある物体（地球など）が、それをぴったり打消す角運動量を獲得します。好例はフィギュアスケートの選手でしょうか。腕をたたんで慣性モーメントを減らした場合、スピンは速くなっても、角運動量は変わっていないのです。

でも、角運動量はなぜ保存されるのか？　もうおわかりのとおり、ある保存則の根元をつかむには、ネーターの定理を思い出し、背後にひそむ対称性を探せばよろしい。

角運動量の場合、保存則のもとになる対称性は、空間の「等方性」です。等方性（isotropy：語源は「同じ回転」を表すギリシャ語）とは、ある点をとり囲む空間の均質性を意味します。空間内の一点と、点を中心にした円を思い浮かべ、円に沿って回るとしましょう。回る途中で空間（どんな意味でもかまいません）に変化が見えなければ、選んだ一点に近い空間は等方性だということになります。卓球の球も、ゴルフボールも（表面のくぼみ＝ディンプルを除き）等方性です。だから、角運動量の保存を説明するには、空間が「回転対称」だといえればよろしい。

もう見当がつくでしょう。考えるべきはまたも**虚無**で、**虚無**は等方性に決まっています。つまり、宇宙（原宇宙）を生んだ**虚無**は等方性でした。突起や凹みがあれば、**虚無**ではありえない。**虚無**が**何かに転化**したとき、**わずかなこと**しか起こらなかった（私の仮説）。**虚無**の等方性が、生まれた空間と時間に受け継がれたため、いま私たちのいる宇宙も等方性なのですね。等方性の空間では角運動量が保存される。こうしてまたひとつ、自然界の基本的な法則が、ひとりでに現れたことになります。

関連することをひとつ。天文学者が観測すると、銀河の群れも回転している、つまり角運動量をもつとわかります。回転の速さも、回転の向きを表す矢印（36ページ）も銀河ごとにバラバラですが、宇宙全体で角運動量を（同じ長さの逆向き矢印を相殺して）足し合わせれば、結果はゼロになる。つまり宇宙全体は、成分それぞれが固有の回転をしていても、角運動量がゼロなのです。

それがまさに、**虚無**から**転化**した**何か**の性質です。**虚無**の角運動量がゼロだったから、**虚無**から生まれた宇宙の角運動量もゼロ。宇宙誕生のとき正味の角運動量は生まれず、いまなおそうなのです。要するに、私たちがその中にいる**何か**は、母なる**虚無**の性格を受け継いでいるといえます。

＊　＊　＊

さて私たちは、どこまで来たのか？　宇宙誕生のとき**わずかなこと**しか起こらなかったと仮定すれば、たいへん重要な三つの物理法則が生まれたのは当然……と読者にはもうおわかりでしょう。三つの法則とは、エネルギー保存則と、二種類の運動量（線型運動量、角運動量）保存則でした。それぞれを私たちの宇宙は、母なる**虚無**からただ受け継いだように思えます。

三つの法則は、押しつけられたものではありません。宇宙を生んだ**虚無**の性質そのものでした。保存則はほかにもありますが（電荷の保存など）、どれも特有な対称性の産物です。そこをおわかりいただくにはまた多少の準備が必要だから、くわしいことは7章にゆずります。また、小さい法則（外部法則）の類についても、いずれ起源を掘り下げる予定です。**手抜き**についてはこれくらいでほぼ切り上げ、次章では、秩序を生んだ**アナーキー**（無秩序）を考察しましょう。

3章　アナーキーが生む秩序——無法が法になるしくみ

　政治世界のありさまは、自然界にも通じます。**手抜き**がとことん続けば、**アナーキー**（無政府状態、無秩序）になる。宇宙が生まれたとき、母なる**虚無**の均質性がそのまま受け継がれた結果、重い保存則三つが宇宙を支配することになりました。そして、できた宇宙を支配する法則の一部は、**アナーキー**から生まれたのです。

　本章では、一七世紀後半にアイザック・ニュートン（1642〜1727）がつくり、以後ほぼ二百年で洗練されてきた古典力学も、エルヴィン・シュレーディンガー（1887〜1961）とハイゼンベルクの量子力学も、**アナーキー**の表れだと証明します。話をまだ見通せない読者も多いでしょうけれど、しばらくおつき合いください。

　一九二六〜二七年にシュレーディンガーとハイゼンベルクが発表し、ほかの人々が洗練した量子力学の諸法則は、極限条件でニュートン力学に一致します。見晴らしの悪い部分も多いのですが、原初の**手抜き**が生んだ保存則だけを縛りに、自然が自由気ままにふるまう結果だといえましょう。

いままでの考察は、いわば「手抜き警察」の守備範囲でした。その範囲内で、もののふるまいを決める法則類が、**アナーキー**から出てくることを、これから浮き彫りにします。

本章では古典力学と量子力学の両方を扱います。両方の中身をまとめて紹介できるうえ、両方のコアにある発想いくつかを、（量子力学に特有な）おもしろくても難解な「解釈」の泥沼にはまることなく考察できるからです。実際のところ「解釈」は、日常体験にからめて法則の意味をつかもうとする試みですから、法則そのものにとっては二次的にすぎません。自然界を支配する物理法則は、社会を支配する法律とはちがい、解釈などしなくても成立します。ただし当然、前にも書きましたように、法則の中身を解釈し、物理世界の素顔を浮き彫りにするのも、科学という営みの一部なのですが。

古典力学の解釈はむずかしくありません。ものの位置や速度は見当がつき、日ごろの経験と直結する現象を扱うわけですから。一方で量子力学の解釈は、なにしろ発想の大転換だったため、観測結果が（少なくとも当面）理論とことごとく一致はしても、初めて学ぶ人の戸惑いや混乱がいまなお続いています。

ひょっとして人間の頭は遠い先祖の時代からあまり変わらず、抽象的な量子力学の話を受け入れる準備ができていないのかもしれません。サバンナやジャングルで生き延びるために生まれ、進化したヒトの脳は、神経網のつくりがまだ量子力学向きになっていない、と思えたりもします。

いつか現れる量子コンピュータが自分の動作原理を理解でき、かたや生みの親だった人間のほうは量子力学オンチのまま……そんな状況もありえそう。とはいえこれからの話には、量子力学のわかりにくさ（理解不能性？）には目をつぶってかまいません。物理法則そのものに目を注ぎ、法則のむずかしさは脇に置きましょう。

以下で私は、量子力学のコアが**アナーキー**から自然に出てくることと、そのコアからニュートンの古典力学が出てくることをお示しします。そのために私は読者を、見た目は曲がりくねった田舎道でも、じつは理解への高速道路……そんな場所にお連れしましょう。田舎道に見立てたのは外部法則のひとつですが、その外部法則から、ある内部法則が出てくるのです。

＊　＊　＊

その外部法則とは、「**光は直進する**」です。反射の法則（入射角と反射角は等しい）も、直進の延長上にあります。だから鏡は世界をそのまま映し、像がゆがまないので、もとの物体がわかるのですね。

もうひとつ出てくるのが、たぶんご記憶の読者も多い「スネルの法則」。オランダの天文学者ウィレブロルト・スネリウス（1580〜1626）が、空気と水（など透明なもの）の境界に入った光の屈折を調べ、曲がる角度が空気と水の屈折率で決まることを一六二一年に確かめました。[1] けれど、なぜそんなことが起こるのでしょう？

じつは反射の法則も屈折の法則も、**光は、出発点から終点まで最速で着ける経路をたどる**という一文に集約でき（理由は少しあとで説明）、それを**最小時間の原理**といいます。発見者はフランスの数学者ピエール・ド・フェルマー（１６０７〜６５）とされますが、さかのぼれば、科学に実験と理論をとり入れたギリシャの数学者・発明家、アレクサンドリアのヘロン（紀元１０頃〜７０頃）に行き着くそうです。また、中世アラビアの数学者・天文学者イブン・ハイサム（家系名を外しラテン語化したアルハーゼンが通称。９６５頃〜１０４０頃）も、一〇二一年の自著『光学』にそのことを書き残しました。

もうひとつ、表現の似た**最小作用の原理**も、以下の話で大事になります。「作用（action）」の意味はややこしいけれど、さしあたりは苦労や労力（effort）だと思ってください。最小作用の原理は、一七四〇年代の初期にフランスの哲学者ピエール・モーペルテュイ（１６９８〜１７５９）が、粒子（豆から惑星まで）の動きについて、**粒子は、出発点から終点まで、作用が最小になる経路をたどる**、と表現しました。

バットに当てたボールは、作用が最小になる軌道を飛ぶ。地球の公転軌道も作用が最小になっている。ほかの惑星も宇宙デブリも、それぞれ最小作用の軌道を動く。砲弾やミサイルが飛ぶルートも同じ。ほかの軌道を動いたら、作用（労力）が増してしまうのです。最小作用を「最大の手抜き」

とみれば、ここにも「**手抜き**の原理」が働いているといえるかもしれません。それはさておき、もうひとつの大事な原理が働いていることをご説明するのが、ここでの本題になります。

最小時間の原理（光）と最小作用の原理（粒子）はよく似ていますね。すると起源も似ていて、一緒に説明できるのでは？　科学では、見た目の似ている現象を調べてみると、やはり共通の源が見つかる……ということが少なくありません（いつもそうとはかぎりませんが）。

初期のころ、最小時間の原理と最小作用の原理は「たまたま似ているだけ」と思う人もずいぶんいました。けれど、いまは断言できます。これからの説明でたぶん納得いただけるとおり、両方とも、政治形態でいうと最悪の**アナーキー**から生まれたのです。

＊　＊　＊

また鏡を考えましょう。光源を出た光が鏡で反射したあと目に届く場合、往路も復路も直線で、入射角と反射角が等しいとき、最短距離になりますね。むろん光の速さは一定と考えます。つまり、「入射角＝反射角」が最小時間の原理です。

次に屈折の法則（スネルの法則）はどうか。水やガラス（媒質）の中を進む光は、真空中や空気中より遅くなります。真空中の速さを、媒質中の速さで割った値が、媒質の屈折率です。水の屈折率は約一・三だから、水中の光速は、真空中（≒空気中）より三割がた小さい。人間の前進に引き写せば、水をかき分けて進む速さは空気中のほぼ一〇分の一に落ちるため、「水中を歩く人間の屈折率」はおよそ一〇だといえますね。

さて、(空気中の）光源を出た光が水中の終点に向かうとき、最小時間の原理に合う経路はどうなるか？　身近な例として、浅い池で溺れかけた子供を読者が助けに行くとします。読者は水際から少し離れた場所にいて池を見つめ、子供は読者の正面ではなく、左手か右手の水中にいる。子供までまっすぐ向かうなら、一部は陸上を走り、一部は水中を歩きますが、かかる時間は最小ではありません。あるいは、子供を正面に見る水際まで走り、そこから水中を歩いてもいい。まっすぐ向かったときに比べ、陸上を走る距離は長く、水中を歩く距離は短くなりますが、合計の時間はまだ最小ではありません。

両極端のどこか、つまり水際と一定の角度をなして陸上をまず走り、水際に着いたあと子供まで水中をまっすぐ歩けば、合計の時間が最小になります。そのとき「一定の角度」は、「水中を進む読者の屈折率」で決まるわけですね。

最小時間で子供を助けに行く読者の経路も、空気から水に入る光の経路も、スネルの法則に従います[2]。スネルの法則は、プリズムやレンズに関係する「幾何光学」全体を支配するものです。幾何光学の名は、光が同じ媒質中ならまっすぐ進み、全体の経路を「幾何学で計算できる」ところからできました。

ここまでは、二つの法則（反射の法則、屈折の法則）が、ともに深い法則（最小時間の原理）の表れだと説明しました。でも、なぜそうなのか？　最小時間の法則は、どこから出てくるのでしょう？　そして光は、どうやって最小時間の経路を知るのでしょう？　まちがった向きに飛び出したら、失敗を悟って引き返す（それなら余計な時間を使いますね）？　あるいは、これでいいのだと確信しつつ突き進む？　あらかじめ正しい向きをつかめるなら、いったいどうやって？

＊　＊　＊

最小時間の原理は、**アナーキー**が生み出します。そのしくみをつかむため、光が「電磁波」だということを思い出しましょう。電磁波（光）は、直交する電場と磁場が振動しながら「光速」で進むもの。光の速さを「光速」とよぶ同語反復は気に入らないので、「マクスウェルの速さ」がいいのではと個人的には思っています。光の電磁気学を確立し、わずか四八年の生涯ながら科学に不朽（ふきゅう）の名声を残すスコットランドの物理学者、ジェームズ・クラーク・マクスウェル（１８３１〜７９）を称えたいので。

空間を猛スピードで進む山と谷からできた波――をイメージしてください。山だけに注目すれば、「光速で飛ぶ山」ですね。山と山との距離を「波長」といい、山の高さ（谷の深さ）が電場の強さ、つまり光の明るさを意味します。

光の進路に対して上向きの電場を山、下向きの電場を谷とみましょう。読者の立てた指が光線を感じるなら、受ける刺激は超高速で変わる電場パルスですね（むろん現実に感じるわけではありません）。目に見える可視光なら、一秒あたり電場の上下する回数（振動数）が、光の色にあたります。回数が最小（といっても毎秒四〇〇兆回！）の光を私たちは赤といい、回数が増すにつれ黄色、緑、青と呼び名が変わり、いちばん振動数の高い（毎秒七三〇兆回の）可視光が紫。赤〜紫の可視光がまんべんなく混じれば白色光になるのでした。

赤より振動数の低い電磁波を（赤の外側だから）赤外線、紫より振動数の高い電磁波を（紫の外側だから）紫外線とよびます。赤外線より振動数が低いものを電波（ラジオ波）、紫外線より振動数が高いものをX線とよぶのもご存じでしょう。どの電磁波も同じ速さ（光速）で進むため、電場の交替が速い（振動数が高い）ほど、山と山の距離（波長）は短くなります。青い光は赤い光より波長が短く、X線ともなれば波長はずっと短い。可視光の波長は、一ミリの千分の一のさらに半分ほど。「想像を絶するほど短い」と形容する人もいますが、たぶん、ぎりぎり想像できる範囲だと思います。

さて、以上の説明と**アナーキー**を心に置いてください。ある波長（色）の光が光源から出て、勝手気ままな経路を通ったあと、最後は目標（たとえば目）に届くとします。勝手な経路として、野球のカーブに似た経路を思い浮かべましょう。光源から目まで、少しずつ曲がりかたのちがうカーブが無数にできる……そんな状況です。

勝手な経路を通った光の一本が目に届いたとき、ちょうど山だったとします。曲がり具合がごくわずかちがう光も、ほぼ同時に届きますね。その光も山と谷の連なりですが、目に届いた瞬間は山ではなく、谷か、谷に近い姿だとしましょう。すると、最初に届いた光の山と、次に届いた光の谷が（電場が逆向きだから）打消し合う。その二本だけなら完全に消し合わなくても、近い経路を通って届く光は無数にあって、それぞれ「山か谷か」が微妙にちがいます。

そんな（**アナーキー**状態の）光の群れが目に届けば、完全な打消し合いが起こるでしょう。つまり、「カーブ」して目に届く光は「見えない」ことになる。要するに波の**アナーキー**性が波そのものを消したわけです。

では、光源からまっすぐ目に届く光はどうか。さっきと同様、届いた瞬間は「山」だとしましょう。そのほかに、直線からほんの少し外れた（少しだけカーブした）光も届く。最初の光と経路はごくわずかしかちがわないため、「ほぼ山」の状態です。とりわけ、経路の差がごくわずかなら、最初の光を打消す「谷」の光ではありません。そんな光が混じり合っても、波の完全な打消し合いは起こりませんね。つまり、「ほぼ直線」のまま届いた光だけきちんと見える。**アナーキー**が「抜け道を許した」といえましょうか。

だまされた気分の読者もおられましょうが、ご心配なく。いまの話には数学の確かな裏づけがあります。「医者の私を信じなさい」といった話ではありません。光を波とみる「物理光学」「波動光学」では、「光はまっすぐ進む」と決めてかからなくても、そんな結論になるのです。ややこまかいことは巻末の注記3に書いておきました。

振り返りましょう。光は光源から目的地までどんな経路もたどれるという「放任主義」から、「光は最小時間の経路を進む」という法則が出てきました。あらかじめ最小時間の経路を知っているわけではありません。同時に全部の経路を試すのだけれど、最小時間の経路だけが「お隣」と打消し合わずに残る。**アナーキー**が法則を生んだわけですね。

いまは、真空や空気など均質な媒質中を進む光の話でした。では、別の透明な媒質に出合い、境界で曲がる（屈折する）とき、カメラや顕微鏡の基礎になるスネルの法則は、どうやって生まれるのでしょうか？

今度は、媒質の屈折率が「山と谷の関係」をどう変えるのか考えます。媒質の密度（屈折率）が大きいほど光は遅く進み、電場の振動数は一定でも（水やガラスに入っても色は同じですね）、「山と谷の距離」は縮まる。そのせいで、「お隣どうし打消し合わない」経路が変わります。そして、このときも光は空気中の一点から媒質中の一点まであらゆる経路を通って進むけれど（**アナーキー**状態）、スネルの法則に合う一本の経路だけが、「打消し合わずに」残るのです。その経路が、まさに最小時間の経路になる。このように、光学の背後には**アナーキー**があると心得ましょう。

大切な補足をひとつ。お隣どうしの打消し合いは、波長が短い（振動数が高い）ほど起こりやすい。波長がうんと短ければ、お隣の経路が少しちがうだけで山から谷になるため、打消し合いやすいわけです。波長が極端に短いと、直線から少しでも外れた経路は打消し合ってしまう。そのとき光の通路は数学でいう直線とみてよく、それが先ほどの「幾何光学」の世界だといえます。

現実の光は波長が有限ですから、厳密な幾何光学はありえません。波長が長くなるほど、やや離れた経路どうしも打消し合わなくなる結果、レンズは収差（色づき、ゆがみ、ボケなど）を示すのです。波長が数メートル以上の電波なら、もはや幾何光学は雑な近似にすぎません。かなり大きい物体も電波をブロックできないため、電波はビルの陰にも回りこんで届くわけです。

電磁波とちがい、圧力差が波打つ音波の伝わりかたも、光と似ています。ふつう音の波長は数メートル程度だから（ピアノ鍵盤の中央にあるドの波長は一・三メートル）、人間サイズの物体があふれる世界で、音がまっすぐ伝わるとみる「幾何音響学」は成り立ちません（だから音は建物の陰でも聞こえるわけ）。

＊　＊　＊

きれいなものを**アナーキー**が生む……その例にあげた「法則」は軽い外部法則のひとつにすぎない、と感じる読者もおられましょう。けれど、以下をお読みいただけば、じつはたいへん豊かな法則だということ、つまり光が目に届く話のほか、さまざまな現象の考察にからむ法則だとおわかりいただけると思います。勝手気ままな光をほぼ一本にまとめる**アナーキー**は、光ばかりか粒子（物体）のふるまいも整え、そのことが量子力学の秘密に迫り、ひいては古典力学の説明にも役立つのです。

ポイントは、**粒子が波でもある**という事実。粒子と波の二面性、つまり量子力学という科学革命のコアにあった発想です。まったく常識外れの発想でしたが、実のところは自然をつかみやすくするものでした。古典力学は粒子と波を明確に区別します（1章）。ふつうの感覚だと、粒子と波はまるで別物。粒子は点のようなものだし、波は空間に広がる「うねり」のようなものですね。粒子と波を区別できない人など、いそうもありません。

けれど自然は二つを区別しない。まずは一九世紀の末に電子の波動性がわかりました。トムソン家の朝食シーン（1章）を思い出しましょう。父J・Jは一八九七年に電子を見つけ、一定の質量と電荷をもつ粒子だと確かめます。かたや息子のジョージ・Pは一九二七年、電子は波だと確かめたのでした。同じころクリントン・デイヴィソン（1881～1958）とレスター・ジャーマー（1896～1971）も、実験で電子の「回折」を確かめ、電子は波のようにふるまうと結論しました。[4]

話はまだ終わりません。さっきも触れた光の波動性は、おびただしい実験の裏打ちがある常識でした。けれど、その常識をひっくり返す発見が二つ起こります。

ひとつは、ドイツ・スイス・オーストリア・米国を渡り歩くこととなるアルベルト・アインシュタイン（当時は特許局の職員）の仕事。彼は一九〇五年、紫外線を当てた金属から電子が飛び出す現象（光電効果）を調べ、「光は粒子の流れだ」と証明しました（一九二一年ノーベル物理学賞。いまは超有名な相対論も、当時は疑う人が多かったため、ノーベル賞の対象になっていません）。光の粒子にはやがて光子（フォトン）の名がつきます。

二つ目として、米国の物理学者アーサー・コンプトン（1892～1962）が一九二二年、電子と光がぶつかったときに起こる出来事は、光を粒子とみないかぎり説明できないことを示します（コンプトン散乱。一九二七年ノーベル物理学賞）。これで物理学者は困ってしまう。粒子だと思っていたものが波で、波だと思っていたものが粒子……いったいどうなっているのか？

電子も光も、粒子と波の二面性をもつからでした。やがて万物が二面性をもつと判明します。観測のしかたに応じ、粒子に見えたり波に見えたりするのです。それを引き金にして一九二五～二七年ごろ、北海の孤島にいたハイゼンベルクと、愛人と旅行中だったシュレーディンガー（1章）、いつもの場所にいたポール・ディラック（1902～84）の手（というより頭）が量子力学を仕上げます。量子電磁力学も含めた量子力学の予測は精密きわまりなく、何桁もの有効数字で観測結果に合うため、その正しさを疑う余地はまったくありません。つまり、粒子と波の二面性をもとにした量子力学に、まちがいは何ひとつないのです。

粒子と波の二面性に注目すれば、粒子の運動を決める諸法則の根元もわかってきます。波の話を振り返りましょう。波は出発点から終点まで、どんな経路もとれるけれど（**アナーキー**）、最小時間の経路を除き（ただし波長に注意。後述）、「お隣」と打消し合うのでした。打消し合わないのが、最小時間の経路でしたね。

電子でも何でも、粒子は波とみます。**アナーキー**の原理から、先ほどの話を思い返すと、粒子も均質な媒質中をまっすぐに飛ぶ（重力がないとき）。つまり、粒子を自由に飛ばせたら波の性質が効き、お隣と打消し合わないのは、出発点から終点までのまっすぐな経路だけになるのです。

＊　＊　＊

粒子（物体）はまっすぐ飛ぶだけではありません。直線運動だけなら、世界は退屈なものになるでしょう。重力が働けば、惑星は公転し、投げたボールは放物線を描く。公転軌道も放物線も、作用を考えると、**アナーキー**が支配した結果だとわかるのです。

用語についてひとこと。日常語の作用（アクション）は、働きや労力、骨折りなどを意味します。物理学では作用を、古典力学の方程式を組合わせた面倒な形で定義しますが、その説明は本書の範囲を超してしまうため[5]、以下では作用を「労力のようなもの」と考えましょう。

ある軌道を古典的な粒子が進むには、決まった量の労力が必要……とみます。モーペルテュイが提案した最小作用の原理によると、粒子が現実に進むのは「労力最小」の経路です（日ごろ私たちがとる行動も同様ですね）。それなら、ニュートン力学で「経路上の各点で働く力」が決める軌道は、「各点での作用」を計算し、その合計が最小になるように決まる軌道だともいえます。

いったい粒子はどうやって、あらかじめ最小作用の経路を知るのでしょう？　適当な向きに飛び出して「逆風」を受け、ならばと出発点に戻ったあと苦労の少ない経路に再出発……なんて芸当はできません。

光も同じでした。光の場合、波動性と**アナーキー**の共同作業が「最小時間」の経路を決めましたね。粒子の場合も、粒子の波動性と**アナーキー**の共同作業がカギになります。光では、媒質の屈折率が光の進みを遅くする結果、終点での位相（いそう）（山か谷か中間か）が決まるのでした。かたや粒子だと、位置エネルギーも変わりゆく軌道の各点で受ける作用（苦労）が「物質波（ぶっしつは）」に働き、終点で物質波がもつ位相を決めるのです。

その発想は、想像力豊かな科学の解説者、リチャード・ファインマン（1918〜88）が提案しました。彼はそれをもとに量子力学の理論体系をつくり上げています[6]。

こうして、粒子の波動性と自由放任（**アナーキー**）をもとに、次のような説明ができるでしょう。物質波は、出発点から終点までどんな経路も飛べて、それぞれの終点で、受けてきた作用に応じた位相をもつ[7]。どの経路にも「お隣」があり、お隣どうしは終点での位相が「山あり谷あり」だから、打消し合ってしまう。けれど、最小作用の経路だけは消えずに生き残る。私たちの目にそんな「せめぎ合い」は見えず、ただひとつ、生き残った最小作用の経路だけが見えるというわけです。

ボールや惑星など重い粒子では作用が大きく、お隣どうし強く打消し合うため、幾何光学の場合と同様、粒子は精密に決まった（生き延びた）経路を飛ぶと考えてよろしい。光の波動性が（波長ゼロの極限で）物理光学を幾何光学に変えるように、粒子の波動性が（質量が十分に大きいとき）古典力学を生むのです。かたや、うんと軽い粒子は作用も小さく、お隣どうしの打消し合いも半端だから、音波の「幾何音響学」がありえないのに似て、古典力学が成り立たなくなる。だから電子など軽い粒子の運動は、作用の大きいマクロ物体とはちがい、量子力学に従うのです。

＊　＊　＊

話の締めくくりに、「微分方程式」を眺めておきます。自然現象を支配する法則、ことに古典力学と量子力学の法則は、たいてい微分方程式で書くからです[8]。物理学のコアは微分方程式だといってもよろしい。ふつうの方程式は、性質（物理量）どうしの関係を表し、たとえば $E=mc^2$ は、エネルギーEと質量mの比例関係ですね。一方で微分方程式は、性質の**変化**（微分 differential：差

difference からの造語）がほかの性質とどうからむかを伝えます。ニュートンの第二法則を表す微分方程式は、言葉でいうと「運動量の変化は、作用する力に比例する」でした。

微分方程式は性質の「無限小変化」を表す——そのことに注意しましょう。物理的な条件は空間の点から点へと変わるため、無限小変化を考えなければいけない。

ニュートンの第二法則にいう力も、場所ごとに、瞬間ごとに変わります。それが粒子の軌道全体にどう影響するかをつかむには、無限個の無限小変化を足し合わせる。その足し合わせが、高校数学でも習う積分です。つまり微分方程式は「積分して解ける」。すると微分方程式そのものは、たとえば一個の粒子が運動の終点に向け手探りで進むありさまを表現するもの、と考えて差し支えありません。

それなら微分方程式は、**アナーキー**の子だといえましょう。**アナーキー**は、光学では最小時間の原理、力学なら最小作用の原理を生むものでした。ただしどちらも経路全体の話で、「経路のうち無限小部分」の話ではありません。

とはいえ数学で解析した結果は、**微分方程式に従いつつ手探りで進めば、経路全体での作用が最小になる**、といえるのです。つまり、微分方程式に従う道中（右に行くか左に行くか、加速するかしないか）を積み重ねた結果が、最小時間の原理や最小作用の原理に合う経路になる。[9] 運動の全体を決める基準が、ローカルな指示の積み重ねに分解される、といえましょうか。

そのため、物理学のコアだと思われがちな微分方程式は、少なくとも古典力学と量子力学では脇役にすぎず、「**アナーキー**にもとづく運動全体のありさま」をコアとみる人が少なくありません（私も同感）。要するに、ローカルなふるまいを教える微分方程式は、ヒッチハイカー用のガイドブックに似たものでしょう。

＊　＊　＊

アナーキーを手がかりに、私たちはどこまで来たのでしょう？　勝手気ままに飛ぶ光は、いっさいの制約なしで、最小時間の原理に従う経路を進みました。粒子も「物質波」だから、自由放任にした粒子は、最小作用の原理に従う経路を動きました。光の波長をゼロに近づけた極限で物理光学は幾何光学に一致し、粒子（物体）の質量を無限大に近づけた極限で波動力学（量子力学）は古典力学に一致します。

また、古典力学と量子力学でしじゅう顔を出す微分方程式は、空間や時間の一点でどう動くべきかを教えるものなのに、解いた結果は、光なら最小時間の原理、粒子なら最小作用の原理に合う軌道でしたね。それなら物理学の世界全体は、**アナーキー**が生み出したといえましょう。

4章　元気の尺度——温度と物理法則

無人島に流され、相棒は一本のヤシの木だけ。水はたっぷり——そんな状況になるとして、研究テーマをひとつだけ「連れていける」なら、「温度とは何か？」にしようと思います。日ごろおなじみの温度も、変化を起こす力になり、物質の性質と変化を決める法則にからむなど、ものすごく奥が深いからです。そんな温度を本章で解剖しましょう。

本章は「熱力学」の入り口にもなります。熱力学の分野には、熱と仕事の関係や、物理変化や化学変化が進む理由、エネルギー変換のしくみなど、豊かな物理法則が目白押しです。

物質と温度の関係を考えるときは、物質のどんな面を扱うかに注意しましょう。ひとつは、目に見えるマクロ世界の現象。もうひとつが、原子や分子などミクロ（**micro**scopic）世界の現象です。ただし後者は、顕微鏡（**micro**scope）ではまず見えない世界だから、「分子世界」や「粒子世界」とよぶほうがいいかもしれません。

温度の尺度がいくつかあることや、温度が体調にからむことは、読者もご存じですね。熱いものと冷たいものがある。工場でも台所でも、温度を上げて何かを起こす。でも温度とは何でしょう?
そして温度は、いままでお話してきた**手抜き**や**アナーキー**と何か関係するのでしょうか?

そんな話で主役になる人物をご紹介します。科学界では超有名でも、日常会話に出てくるような人ではありません。オーストリアの物理学者ルートヴィッヒ・ボルツマン(1844~1906)です。近眼だったのに、ものの本質を同時代の誰よりも見通せた人。あいにく、自分の発想(万物が原子・分子からなること)を誰も受け入れてくれないのに絶望し、最後は自殺してしまうのですが。

ボルツマンはミクロ世界とマクロ世界に橋を架け、温度の素顔を暴き、原子・分子のふるまいをもとにマクロ物体の性質を説明しました。常温常圧で安定なものが、熱すると化学変化する理由もわかります。そうした深い意味をもつ温度は、知の無人島に流された人にとって、頭の体操のテーマになるでしょう(本物の無人島に流された人は、生き延びるのに必死でしょうが)。

*　*　*

ボルツマンが以下のとおりに考えたとは思っていませんが、アプローチの本質は次のようなイメージになりそうです。

同じ本が手元にたくさんあって、棚の多い書架が目の前にあるとご想像ください。目隠しをして一冊ずつ、書架めがけて投げつける。全部を投げ終わったら目隠しをとり、書架に本が納まったさまを眺める。最上段にも中段あたりにも低い棚にも、それぞれ何冊か納まっていて、特別なパターンは見えませんね。本をみな棚から出してまた同じように投げ、また目隠しをとって眺めます。全部が最上段に納まるとか、全部が特定の棚に納まるとかの状況は、まずありえないでしょう。

同じことを何百万回もくり返し、そのたびに本の分布を記録するとします。全部を眺め渡したら、本は最下段にいちばん多く、上の棚ほど少なくて、最上段はゼロすれすれ……のパターンが多いはず。その状況が、本章のコアになる「ボルツマン分布」です。知の無人島に流されたら、私はボルツマン分布のことを考え続けるでしょう。

科学ではボルツマン分布を、むろん書架の本などではなく、分子や原子（以下しばらくは「分子」）について考えます。どんな運動や状態も、飛び飛びの決まったエネルギーしかとれない——それが量子力学の結論でした。分子の振動や回転のエネルギーも飛び飛びだから、外からもらうエネルギーも一定量ずつになる。その一定量を「量子」といいます。じつは自転車の加速も飛び飛びなのですが、マクロ世界の「飛び」は五感レベルより何十桁も小さいため、スムースに加速できるというわけ。しかし原子・分子のミクロ世界では、「飛び」が猛烈に効くのです。

飛び飛びのエネルギーを「エネルギー準位」とよびます。書架のたとえなら棚がエネルギー準位、本が分子です。デタラメに投げた本は、押し合いへし合いしながらエネルギーの準位から準位へと飛び移る分子にあたります（**アナーキー**の世界）。分子たちは、デタラメに放った本と同様、手ごろなエネルギー準位に分布していく。全部の分子が特定の準位だけを占める確率はたいへん低い。その結果できる「ボルツマン分布」では、多くの分子が最低あたりの準位を占め、高い準位ほど分子は少なく、最高準位を占める分子はほとんどない……と心得ましょう。

分子のエネルギーをボルツマン分布にする要因は、**アナーキー**だけではありません。**手抜き**も深くからみます。分子集団の全エネルギーは一定でした（**手抜き**がエネルギー保存則を生む。2章）。だから一般に、最高のエネルギー準位を全部の分子が占めようとしてもエネルギーが足りないし、逆に、最低のエネルギー準位を全部の分子が占めたらエネルギーが余ってしまいます（いま使ったあいまいな副詞「一般に」は、例外もあるという意味。例外は少しあとで考察）。

ボルツマンも、エネルギー一定を仮定して「ボルツマン分布」の理論式を得ました。現実の分布が理論にぴたりと合うことは、実測でも確認できています。要するにボルツマン分布は、分子たちが勝手なエネルギー準位を占めようとする**アナーキー**状況に、**手抜き**の産物（エネルギー保存則）が枠をはめた結果なのです。

次の大事なポイントに移ります。ボルツマン分布の場合、エネルギー準位の高さと、準位を占める分子の数（占有数(せんゆうすう)）は、シンプルな数式で表せます[(1)]。図に描いたとき全体の姿は、最低準位を地面とみた山のようなもので、山が上下に伸び縮みする。伸び縮みのありさまを、**のっぽ型**、**中間型**、**ぺたんこ型**とよびましょう。

山の姿を決めるのは、ある一個の変数（パラメータ）です。変数が小さいと**ぺたんこ型**で、最低準位を占める分子が多く、「地面」に近い少数の準位に大半の分子が入ってしまう（先ほどの数式そのものは変わりませんが）。逆に変数が大きいと、分布は**のっぽ型**になって、かなり高い準位まで分子が占める。低い準位ほど占有数が多いところは共通でも、だいぶ高い準位まで分子が占めるのです。

そのありさまは、どんな物質の分子（や原子）にも、分子のどんな運動にも当てはまります。つまり、分子の振動や回転も、固体の中に整列した原子の振動（ふるえ）も、あるいは物質が鉛だろうとリチウムだろうと、似たような形のチョークやチーズだろうと、変数の値さえ決まれば、分布の形（エネルギー準位の高さと占有数の関係）はひとつに決まるのです。

いま変数といったのが、温度にほかなりません。つまり、温度が低いときのボルツマン分布は**ぺたんこ型**で、最低準位あたりを大半の分子が占め、かなり高い準位はスカスカになっている。温度が上がると**のっぽ型**に変わり、かなり高い準位まで粒子が占める。温度が高いほど分布は「伸び上がった」姿になるわけですね。

ここで先ほどの「一般に」を片づけておきましょう。変数（温度）が特別な値、ゼロだとします。そのとき、注記1の式によれば、全部の分子が最低準位を占め、ほかの準位は空っぽになる（全部の本が最下段に納まった書架）。その温度が「絶対零度」です。「最低準位より下」はないため、絶対零度が最低の温度だということになります。

むろん絶対零度でもエネルギー保存則は成り立ちます。どの分子も最低準位にあるため、絶対零度というのは、試料がエネルギーをすっかりなくし、事実上「ゼロエネルギー」になったときですね（「事実上」とぼかした意味は、専門家ならご承知でしょうけれど、深入りはしません。気になる読者は注記2をお読みください）。

＊　＊　＊

分子レベルで見た温度の意味と、ボルツマン分布と温度の関係は、ここでいったん切り上げます。ボルツマンの自殺（一九〇六年）よりずっと前、「温度とは何か？」があやふやなまま、温度の測定法はでき上がり、実用的な尺度の提案もされていました。

そのひとつ華氏温度は一七二四年、オランダに住んだドイツ人物理学者ダニエル・ファーレンハイト（中国語：華倫海特。1686～1736）が、当時つくれた最低温度（濃厚食塩水の凝固点）を〇度（むろん絶対零度よりずっと上）、腋の下の体温を（なぜか一〇〇度ではなく）九六度とみたものです。定点二つの間を九六分割した尺度で、水の凝固点は三二度に、沸点は（むろん腋の下よりだいぶ熱い）二一二度になります。

もうひとつの摂氏温度は一七四二年、スウェーデンの天文学者アンデルス・セルシウス（中国語：

摂爾修斯。1701〜44）が、水の融点を一〇〇度、沸点を〇度と決め、間を一〇〇等分したものです。ただし彼が他界した一七四四年に天文台の後輩が定点を逆転させ、いまの尺度になりました（8章も参照）。華氏温度も摂氏温度も、定点間を「ほぼ一〇〇分割」した「百分度（センチグレード）」とみていいのですが、いまは摂氏温度だけを百分度とみます（つまり℃の「C」は、CelsiusのCと百分度centigradeのCを兼ねる）。すると摂氏温度にして、華氏〇度はマイナス一七・八℃、華氏九六度（腋の下）はプラス三五・六℃ですね。

絶対零度を〇度とし、目盛間隔を摂氏と同じにした尺度が、熱力学的温度（絶対温度）です。[3] 提案者だった熱力学の先駆者ウィリアム・トムソン（1824〜1907）の爵位名（ラーグスのケルビン男爵）から、「ケルビン尺度」ともよびます。

目盛の刻みを華氏と共通にした熱力学的温度が「ランキン尺度」。名称のもとになったスコットランドの技術者ジョン・ランキン（1820〜72）は、いまはほぼ無名でも当時は蒸気機関理論の権威で、端唄の作曲もする有名人でした。いまランキン尺度はたぶん、しぶとく華氏温度を使い続ける米国で、技術者の一部だけが使うのでしょう。なお絶対零度は、摂氏マイナス二七三・一五度、華氏マイナス四五九・六七度にあたります。

さて、分子の実在が確かではなく、エネルギー準位など誰も知らなかったころ、科学（とりわけ熱力学）の世界で、温度はどんなふうに考えられていたのでしょう？

実のところ温度は、いわば後知恵（結果論）の形で熱力学に入りました。熱力学とは、典型的には（これもあいまい語）エネルギーにからむ量あれこれを、法則の形にまとめ上げる分野だと思ってください。たとえば第一法則はおなじみのエネルギー保存則で、第二法則（5章）は「エントロピー」という量を扱う法則です。

第一法則も第二法則も、いろんな切り口で温度を扱います。熱力学をつくった人々は、第一・第二法則を厳密な形に表し、エネルギーとエントロピーを明確に定義したのですが、温度そのものをまだ定義していなかったのに気づきました。第一・第二法則の土台になる温度を、法則の形で定義したい。「第一」も「第二」も使っていたため、失敗したなと思いつつ（？）、一と二の手前だからと、新しい法則を「熱力学第零法則」と名づけます（後知恵ふうに「第零法則」をつくった分野は、ほかに例がありません。探せばニュートン力学にも、同類がひそんでいるのかもしれませんが）。見た目は平凡な第零法則の中身と役割について、以下ざっとご説明しましょう。

物体A（たとえば鉄塊）とB（バケツの水）、T（別の何か。わざとCは使わず）の三つがあるとします。以下でおわかりいただけると思うのは、熱力学者の変人ぶり、つまり「何も起こらない」と知ってワクワクするところです。エネルギー保存則（2章）の場合も、宇宙の全エネルギーが一定だと知った科学者たちはワクワクしました。似たようなワクワク感に通じる第一法則は、エネルギー保存則の一種だといえます。

さて、物体AとTを接触させたとき、何ひとつ起こらないとします。また、BとTを接触させても何ひとつ起こらない。そのとき、**AとBを接触させても**（バケツの水に鉄塊を入れても）**何ひとつ起こらない**、というのが第零法則の表現です。AやBが具体的に何なのかは関係ありません。そんな（あたりまえに思える）事実を前にして、科学者たちはワクワクしました。

たぶんご想像のとおり、Tは温度計の役目をするものです。つまりTは（しくみはさておき）温度を教えてくれる。AがTに触れて何も起こらない（たとえばTの水銀柱が動かない）なら、Aは、Tの水銀柱が教える温度にある。次にBがTと触れても何ひとつ起こらなければ、BもTが教える温度、つまりAと同じ温度にある。すると、同じ温度のAとBを改めて接触させても、何ひとつ起こりません。そういう「何も起こらない」出来事のつながりが、温度というものの素顔を表す熱力学第零法則だというわけです。

次に、そんな性質の温度を、ボルツマン分布に注目しつつ粒子（原子や分子）レベルで、つまりミクロ世界のイメージで考えます。前にご説明したとおり温度とは、飛び飛びのエネルギー準位に分子が分布するさまを表す変数で、しかも、どんな物質を考えるかに関係しないものでした。

物体A（鉄塊）は特有のエネルギー準位をもち、粒子（鉄原子）たちは、Aの温度が決めるボルツマン分布に従って準位を占めています。分布の形は、先ほどの**中間型**としましょう。物体B（水）も、エネルギー準位の間隔はAとちがうけれど、同じ温度だから、粒子（水分子）たちはAとぴったり同じ形の**中間型**ボルツマン分布をしています。AとBを触れさせる（鉄塊を水に入れる）と、粒子のボルツマン分布が同形なので、何も起こりようがありません。

粒子のふるまいを表すボルツマン分布に注目すると、温度の意味もイメージもつかみやすくなります。室温で安定なものが、高温で変化しやすい理由もそれ。室温だと、大半の粒子が低いエネルギー準位を占め（安定＝不活発）、高い準位にある粒子は多くない。温度が上がるほど粒子はどんどん高い準位に上がり、元気に動いて「何かができる」のですね。

原子どうしの結合エネルギーに迫る高温ともなれば、結合が切れて化学反応の世界が始まります。オーブンやレンジの高温も、粒子を高い準位に上げて化学変化を進ませる。反対に冷蔵庫で冷やせば、低い準位の「おとなしい」粒子が増える結果、化学変化（食材の変質や腐敗）も進みにくいことになりますね。

反応が進む速さ（反応速度）と温度の関係をきれいな数式（アレニウスの法則＝速度式[4]）に表したのは、スウェーデンの化学者スヴァンテ・アレニウス（1859〜1927）。ノーベル賞の創設（一九〇一年）にも関与した彼は、反応速度の研究で早くも一九〇三年に化学賞をとりました。アレニウスの速度式は、温度のほか、反応に特有な「活性化エネルギー」という一個の変数を使って速さを表したものです。反応の速さは一般に（例外もあるという意味）、室温付近で温度が一〇℃上がるたび約二倍になります。

ボルツマン分布で考えましょう。活性化エネルギーとは、粒子を反応の「スタンバイ」状態にする最小のエネルギーです。温度が上がると粒子は高い準位へ上がる（ボルツマン分布が**のっぽ型**に近づく）ため、スタンバイ粒子が増えますね。逆向きの冷却だと、ボルツマン分布が**ぺたんこ型**に近づき、スタンバイ粒子が減る結果、反応が起こりにくくなるわけです。

アレニウスの法則は、身近な現象にも深く関係します。食品の加熱調理では、温度を数十度ほど上げ、活性化エネルギー以上のエネルギーを食品の分子に与え、化学反応（分子の分解）を促す。かたや冷蔵や冷凍では、ボルツマン分布を**ぺたんこ型**にし、活性な分子を減らす。病気のときに熱が出るのは、分子たちのふるまいを微妙に狂わせ、異常を正常に戻そうとする戦略です。

ホタルの光は、夜の気温が高いほど、光を出す化学変化が速まって点滅の間隔が縮まります。化学産業では、アレニウスの速度式を手がかりに、目的物質がうまくできる条件をくふうする。アレニウスの法則に従い、身のまわりで進む化学反応あれこれは、ボルツマン分布の姿に応じて速さを変えるのですが、そのボルツマン分布は、粒子世界に内在している**アナーキー**の産物だと心得ましょう。

＊　＊　＊

さて、温度のちがう二つの物体が接触したらどうなるか、気になるでしょう。それを考えるには、熱力学第零法則と「何も起こらないのにワクワクする」世界から出て、「何かが起こる」世界に向かいます。とはいえ、答えはたぶんご存じですね。熱い物体から冷たい物体へエネルギーが移り（鉄塊が冷え、水が温まって）、やがて両方とも、中間あたりの同じ温度になる。いわゆる熱平衡(へいこう)の状態です。そのことを少し掘り下げ、もうひとつの法則、やはり**アナーキー**から生まれた大事な法則を紹介しましょう。

　まず「熱」とは何か？　答えは単純、「熱というもの」はありません。日ごろ、風呂のお湯など熱いものは「熱をたくさん含む」と思いたくなりますが、物体が「熱を含む」わけではないのです。冷たい物体も、「熱が少ない」わけではない（お湯も冷水も、引き合いながら真空中を飛び交う水分子の集団）。実のところ熱は何か具体的な「もの」ではなく、**粒子どうしがやりとりする運動エネルギー**だと考えましょう。空間に温度差があり、高温側の粒子と低温側の粒子がぶつかれば、前者から後者へと運動エネルギーの一部が移る。そうした出来事の表れを、私たちは「熱が動いていく」ように感じるのです。

　物体の加熱も、物体に「熱を与える」操作ではありません。加熱は、物体にエネルギーを与えて「温度を上げる」操作です（液体を攪拌しても、つまり力学的な仕事を投入しても温度は上がります）。調理人の感覚はともかく、科学で加熱は、「温度差を利用して食材の粒子の運動エネルギーを増やすこと」と考えます。食材に「熱というもの」を与えるのではなく、昔の科学者は熱を流体の一種とみなし、カロリック caloric とよびました〔caloric はラテン語の *calor*（熱）由来。根元はサンスクリット語の *carad*（熱気あふれる収穫期）〕。なるほど熱は流体に思えたりしますが、そんな解釈は一九世紀の前半までに終わっています。(訳注)

小うるさい説明にうんざりする読者もおられましょうが、それが科学の宿命です。やむなく日常語と同じ語を使いながらも、意味をはっきりさせておかないと前に進めません。いまの場合、日ごろ使う「熱」は名詞ですが（「暖炉は大量の熱を出す」という調子）、それに「動き」の意味をもたせ、熱を「温度差のせいでやりとりされる運動エネルギーの表れ」とみます。学術の形を整える作業には、考えかたの整理と、知識の豊富化……という二つがあります。いまの話は前者ですね。科学の命は正確さですから、用語の意味を明確にしておくのが肝心なのです

正確さを極めるうえで数学の果たす役目は9章で考えますが、さしあたりは、いま述べた「熱」の意味合いを心に置いて先へ進みましょう。

まず、ボルツマン分布を手がかりに、「熱の形で移動するエネルギー」を考えます。物体A（鉄塊）の温度がB（水）より高いとしましょう。ボルツマン分布でいうと、A は**のっぽ型**、B は**ぺたんこ型**です。第三の物体（温度計）T は二個あって、一個は A と接触したとき何も起こらず、別の一個

（訳注）近代化学の父といわれるアントワーヌ・ラヴォアジエ（１７４３〜９４）は熱を「元素」のひとつとみなし、一七八九年に発表した「三三個の元素表」で冒頭二個を光 *lumière* と熱素 *calorique* にしていた。

はBと接触したとき何も起こらない。むろん二個のTそれぞれで、水銀柱の高さがちがいます。次に、AとBをつくっている粒子の「地下世界」を探りましょう。Aの粒子は**のっぽ型**、Bの粒子は**ぺたんこ型**の分布でした。エネルギーの高い粒子の割合は、低温のBに比べ、高温のAのほうが多いわけですね。

AとBを触れさせたあと十分な時間がたてば、中間あたりの温度で平衡（熱平衡）になります。ボルツマン分布の形は、温度が決まればひとつに決まるのでした。AとBが接触したあと平衡になるまで、いったい何が起こったのでしょう？

ボルツマン分布は、A（鉄塊）は**のっぽ型**から**中間型**へとつぶれ、B（水）は**ぺたんこ型**から**中間型**へと伸び上がります。Aの場合、高い準位にいた粒子の一部が低い準位に落ち、分布の形がつぶれていく。そのとき余分なエネルギーが、どこかへ行かなければいけない。実際には、AとBの接触部で、激しく動く鉄の原子と、ゆっくり動く水の分子がぶつかり合うとき、前者から後者へ運動エネルギーが移るのです。その結果、低い準位にいた水の分子が、高い準位に移っていく……というふうにして鉄塊は冷え、水は温まることになります。

特別な場合、接触した二つのうち、片方の温度はほとんど変わりません。放置した熱いコーヒーは、室温との中間あたりではなく、ほぼ室温まで冷えますね。熱い鉄塊も同様。ボルツマンの目では、何が起こったのか？　ポイントは、すぐ右に書いた「ほとんど」です。コーヒーや鉄塊を囲む環境

（テーブル、部屋、地球、宇宙……）は、おびただしい数の粒子からでき、粒子が占めてよいエネルギー準位も無数にある。だから、コーヒーや鉄塊からエネルギーをもらった環境中で、準位の占有状況（つまり温度）は目に見えるほど変わらない。ボルツマン分布の変化がごく小さいため、環境の温度は「ほとんど」上がらないのです。

おしまいに、変化が進む時間のことを考えましょう。いまの例なら、熱い物体が環境と同じ温度になるまでの時間です。視点を温度から時間に移せば、いろいろな物理現象にからむ法則が浮き彫りになります。やはり**アナーキー**の生む法則ですが、くわしいことは、法則そのものをざっと眺めてからご説明しましょう。

熱い物体が冷える速さは、ニュートンが（たぶん匿名で）一七〇一年に発表した「冷却法則」に従います。ニュートンを始めとする同時代人たちが得た結果をまとめ、「冷却速度は、物体と環境の温度差に比例する」と述べたものです。[5] つまり冷却は、最初は速く、やがて遅くなり、周囲の温度に近くなるほどゼロすれすれになっていく。

ある量（温度差など）の値が「いまの値に比例して」減る……そんな現象を、硬い用語で「指数関数的な（exponential）減衰」とよびます。日ごろ「指数関数的」は、「指数関数的な人口増加」など、「ものすごい加速」といった意味に誤用されやすいもの。むろん以下では、本来の意味に使いましょう。指数関数的な変化とは、「いま変化の進む勢いが、いまの大きさに比例する」現象に当てはまるということをお忘れにならないよう。

指数関数的な減衰には、たいへん遅いものもあります。冷却の場合なら、物体の温度が環境よりほんの少しだけ高いときにそうなります。指数関数的な変化は、ニュートンの冷却法則にとどまらず科学の領域あちこちで出合うため、ニュートンに肩車された気分で、ほかの現象も少しあとで紹介しましょう。

同じボルツマン分布に従うとはいえ、書架の本と物質の粒子はちがいます。粒子は、あるエネルギー準位を占めたままじっとしているわけではありません。占めてよい準位から準位へと、いつも目まぐるしく飛び移っている。書架なら、ディケンズの小説が下の棚に落ちたり、トロロープの短編集が上の棚に飛び上がったりするようなもの。ボルツマン分布の形はそのままでも、粒子たちは準位から準位へいつも渡り歩いているのです。

粒子の世界は、たいへん騒がしいものだと心得ましょう。ボルツマン分布も「静物」ではなく、生物のごとくダイナミック（動的）に変わり続けます。粒子がしじゅう準位を出入りしながらも、平均すれば一定の形をもつ分布。見た目はまったく静かな物体や液体も、目に見えない大嵐を内部に秘めているのです。

ある一個の粒子が準位から準位へ飛び移る速さは、観測したくてもできないし、理論でもわかりません。同じ準位に何百年もいたあと、続く一秒間に準位あれこれを渡り歩く分子もある（アナーキーの世界)。ある準位を粒子が占める時間(寿命)はさまざまながら、平均寿命は(たとえば○・一秒と)決まっていて、その時間がたてば別の準位に移る粒子が多いと考えましょう。ある粒子が特定の準位にとどまっている時間は、ほかの粒子から何ひとつ影響されません。粒子それぞれがひとつの島なのです。

熱い鉄塊Aと冷水Bの接触をまた考えましょう。ボルツマン分布の変形(占有数の配置替え)は先ほど説明したように進みますが、今度は、粒子が準位どうしを飛び歩く平均速さも考えます。一定の時間内に、ある準位から別の準位へ飛ぶ粒子の(やはり平均的な)数は、二つの要因で決まります。平均寿命(短いほど、飛ぶ粒子は多い)と、飛ぶ準備OKの粒子数(多いほど、飛ぶ総数は多い)です。その二つが、準位から準位へ粒子が飛び移る平均速さを決めることになります。

AがBよりずっと高温なら、高い準位にいる「スタンバイ」粒子が多いため、配置替えは速く進む。AとBの温度が近ければ、スタンバイ粒子が少ないので、配置替えはゆっくりとしか進まない。つまり配置替えの速さは、ボルツマン分布の「形の差」に比例します。分布の形が温度で決まることを思い起こせば、温度変化の速さは、物体の温度差に比例しますね。すると冷却の速さは時間の指数関数になって、それがニュートンの冷却法則だというわけです。

いったんまとめます。粒子が準位から準位へデタラメに飛び回る**アナーキー**な動きが、きれいな物理法則を生みました。物理と化学の多彩な現象にからむ指数関数的な減衰(増える場合も含めれば指数関数的な「変化」）です。どの現象でも、成分それぞれは、仲間といっさい関係なく行動するアナーキー世界の住人だというところに注意しましょう。

指数関数的な変化の一例に、放射性同位体の「壊変則」があります。[(6)] 放射能とは、不安定な原子核（核）が安定になろうとして、粒子（アルファ粒子、ベータ粒子）や光子（ガンマ線）を捨てる現象です。核の壊変は、そばにある核といっさい関係なく進むのですが、壊変の速さが時間の指数関数となるのに伴い、一定時間内の「壊変確率」は決まった値になります。

たとえば炭素14の放射性核（陽子六個、中性子八個）は、ベータ粒子（高速の電子）を出して安定な窒素14の核に変わります。一秒あたりの平均壊変確率（二五〇〇億分の一）は、試料が含むどの炭素14核にも当てはまり、隣の核が壊変ずみか、壊変中か、壊変前かにいっさい関係ありません。核の中で陽子と中性子の引き合う強さが壊変確率を決めますが、おびただしい核のそれぞれが「いつ壊変するか」はバラバラになるのです。

一個のベータ粒子を出した核（出発点が炭素14なら、陽子七個と中性子七個の窒素14）は安定だから、もう放射線は出しません。ただし、まだベータ粒子を出していない（活性な）核の数が減っていくため、試料全体の壊変速度はしだいに落ちていきます。つまり、最初は速かった壊変が遅くなっていく。ニュートンの冷却法則で「温度差」にあたるのが、いまの場合は「まだ壊変できる核の数」だというわけですね。

壊変則の大事な用途に、古い遺物の年代測定があります。生物系試料の含む炭素14原子と炭素12（安定な同位体）原子の量比が、時間の指数関数で減っていくため、測った量比の値から、試料の年代が決まる（役立つ話）。また、原発や核実験が生む核廃棄物の処理や管理を考えるときも（少々おっかない話）、壊変則が大切な指針になります。

指数関数的な減衰で、放射能が半分になる時間＝半減期は一定です。炭素14の半減期（五七三〇年）は、文書記録があやしくなる五〇〇〇年前から、最後の氷河期だった数万年前までの歴史試料に使えるため、考古学の研究に願ってもない手段となります。なお放射性同位体の半減期は、一秒よりずっと短いものから、数年や数千年、数十億年といった長いものまでありますが、人間の手で半減期を変える余地はありません。核反応をうまく使って、寿命の長い同位体を寿命の短い同位体に変えることはできますが。

＊　＊　＊

本章の話を振り返りましょう。まず、物質をつくる粒子が飛び飛びのエネルギー準位を（エネルギー保存則だけを制約に）占めていけば、ボルツマン分布ができるのでした。そしてボルツマン分布の姿（**のっぽ型**、**中間型**、**ぺたんこ型**）は、ただ一個の変数（温度）が決める。室温で安定なものが高温で変化しやすいことも、ボルツマン分布の形状変化（粒子の配置替え）をもとに理解できます。

次に、粒子それぞれが勝手なふるまいをすると、指数関数的な変化というきれいな物理法則が現れました。とり上げた例の二つが、ニュートンの冷却法則と、原子核の放射壊変ですね。

以上の話のあちこちに、**手抜き**と**アナーキー**が見え隠れしていました。脇役は、量子力学から出てくる飛び飛びのエネルギー準位です。ボルツマン分布は、**手抜き**の産物だったエネルギー保存則と、粒子がエネルギー準位をランダムに占める（しかも準位から準位へたえず渡り歩いている）というアナーキーから生まれます。熱平衡に向かう速さも、成分それぞれの（仲間と相談などしない）**アナーキー**行動から生まれるきれいな物理法則に従うのでした。

5章　動の世界へ——自発変化とエントロピー

前章では、熱力学の研究や応用を進めた人々が、「何も起こらない」のにワクワクした話をしました。そうではなく「何かが起こる」場合なら、同じ人々は、「どんな変化も劣化（悪化）に向かう」と気づいてワクワクしたでしょう。世界は劣化の一途にある——それを「熱力学第二法則」といい、私が好きな物理法則のひとつです。むろん正式な科学で「劣化の一途」などという日常表現は使わず、威儀を正した表現にして格好をつけますが、それでも「世界は劣化の一途」だという点に変わりはありません。

前口上をもうひとつ。熱力学の諸法則は、エネルギーとエネルギー変換にからむ量（性質）の素顔を表すものでした。量の名は、後知恵ふうの第零法則が温度、第一法則がエネルギーですね。第二法則は、三つ目の大事な量、エントロピーの話になります。むろん第二法則も**手抜き**と**アナーキー**の表れです。そして、体のつくりや生物の行動、脳の働きなどもエントロピーの性格が生み出すことを、以下でお話ししましょう。

世界は劣化していく……その意味をつかみ、ではなぜ生物体など精妙な構造が生まれるのかもおわかりいただくのが目標です。むろん「劣化」は日常語で、第二法則を正式に表せば「**孤立系の自発変化ではエントロピーが増す**」となります。ただし本章を読み進める際は、「世界は悪くなっていく」のイメージをぜひお忘れなきよう。

まず、「自発変化」と「エントロピー」、「孤立系」をこの順に、できるだけやさしく説明しましょう。

自発変化とは、外部からの働きかけなしに起こる出来事をいいます。水が低いほうへ流れるのも、気体が真空に向けて膨張するのも自発変化です。「自発」とはいえ、速いとはかぎりません。ゆるい斜面に置いた水飴も、南極の氷河も、動きはものすごく遅い［訳注：南極の場合、氷が南極点から端部まで行く平均時間は約五〇〇〇年］。かたや真空に向けた気体の膨張は一瞬で終わる。つまり自発性は「進むならその向き」だけを意味し、変化の速さは問いません。

二つ目がエントロピー。「内に秘めた変転」を意味する語で、一八五六年にドイツの物理学者ルドルフ・クラウジウス（1822〜88）がつくりました（彼はすぐあとにも登場）。エントロピーは乱雑さ（無秩序）を数値で表し、乱雑なほどエントロピーが大きいと考えましょう。定義者のひとりが、4章の主役ボルツマンでした。ボルツマン分布とは別の話ですけれど、エントロピーの定義式が彼の墓石（ウィーン）に彫ってあります。[1] いままでと同様、本文中では数式を使わず、言葉で中身をお伝えしましょう。「乱雑化」はイメージしやすいでしょうが、おいおいご説明するように、自然界では逆の「秩序化」も一緒に起こるため、注意が必要です。

最後の孤立系とは、外界（系以外）とまったく働き合いのない系（系＝注目部分）のこと。孤立系にはエネルギーも物質も出入りしない。宇宙全体は孤立系とみてよいのですが、身近なところでは、魔法瓶に入れたお湯や冷水をイメージしてもかまいません。熱力学第二法則の話では、孤立系を考えるのが第一歩になります。

第二法則の説明を始めましょう。乱雑化と秩序化が同時進行するわけや、生物進化との関係なども扱いますが、要点は「物質もエネルギーもバラバラになりたがる」こと。原子も分子も、自由気ままに動きたい。みんなそろって同じ向きに動くとか、どこか一か所に集まるとか、そんな性質はない。ローカルな秩序ができることはあっても、孤立系の全体は必ず乱雑化に向かう──それを頭に置いておきましょう。

たとえば、容器に入れた気体の分子は、一か所に集まったりせず、容器いっぱいに広がろうとしますね。ピストンを使えば分子の居場所を減らせても、それだと外からエネルギーをもらうため、孤立系ではなくなってしまう。同様に、熱い鉄塊の中で激しく震える原子は、まわりの分子とぶつかってエネルギーを減らそうとします。鉄の場合も、まわりからエネルギーをもらって鉄をさらに熱くするしくみは考えられますが、それだとやはり「外界からの働き」を受けることになるため、孤立系ではなくなるのです。

＊　＊　＊

物質もエネルギーも、エネルギー保存則（**手抜き**の産物）だけに縛られ、乱雑化を目指します。つまり宇宙のエネルギーは、総量は一定でも質が落ちていく。濃縮されたエネルギー（燃料など）は、仕事に使えるので質が高い。けれど、いったん（燃焼などに）使えば分散してしまい、総量は変わらなくても使い勝手がどんどん悪くなりますね。

ボンベに入れた高圧ガスも、せまい空間を高速で飛び交う分子の集団だから、エネルギーの質が高い状態です。しかし環境に出るとエネルギーが散らばって質が落ちる。そんなふうに、総量は同じままエネルギーが劣化していくのが、熱力学第二法則のコアだといえます。

質の優劣を表すのがエントロピーです。エントロピーが大きいほど質は低い。燃料のエントロピーは小さく（高質）、燃焼産物のエントロピーは大きい（低質）。高圧ガスのエントロピーは小さく（高質）、膨張後のエントロピーは大きい（低質）。「量はそのまま、質が落ちる」のです。日常語の「ものごとは劣化する」を科学の表現にしたものが「エントロピーが増える」だというわけ。

科学界がエントロピーに気づいた一八五〇年代、エントロピーの発生源は謎でした。ビクトリア朝期（一八三七～一九〇一年）の人々に、「エネルギー一定」の発想はむずかしくありません。万能の造物主（神）が、人間に必要十分な量のエネルギーをお恵みくださった……と思えばいいわけですから。

でもエントロピーの源は？　天地創造がまだ続いている？　万能の神が「適量」とご判断の量ずつ、どこかの深井戸からじわじわ湧き出す？　やがて科学はそうした混乱を解消しようと、ほかの問題と同様、粒子世界の出来事を手がかりに、エントロピーを考察します。

＊　＊　＊

何か変化が起こるたび、世界の乱れが増えて（エネルギーが劣化して）エントロピーが増す。けれど、世界が一様に劣化するわけではありません。世界の一部では乱れが減って（秩序が増して）いる。ヒトを含めた生物が生まれ育つのもそうですね。ポイントは、自発変化が「孤立系（宇宙全体や、魔法瓶の中身）の全エントロピーを増やす」ということだけ。全体を見れば乱雑さが増していくなか、ローカルにはエントロピーが減っても（整った構造ができても）いいのです。

内燃機関（エンジン）を考えましょう。濃縮型エネルギーの燃料（炭化水素）が燃え、二酸化炭素や水など小さい分子に変わり、散らばっていきます。出たエネルギーも、環境に散らばっていく。粒子とエネルギーの散らばる勢いがエンジンを働かせます。そんなエンジンつきのクレーンで建材を吊り上げ、ビルを建てるとしましょう。エンジン自体では乱雑化が進む半面、ビルという整った構造ができていきますね。乱雑化する世界の中に、ローカルな秩序構造ができる。つまり全体は乱れても、ローカルには乱れが減ってよいのです。

そんな現象の例は尽きません。場所Aで増えた乱れが場所Bで秩序を生み、Bが乱雑化したあと場所Bで秩序が生まれることもありえます。どんな出来事だろうと、場所Aで増える乱れは、場所Bで減る乱れより必ず大きい……というのがポイントです。

地球にとって最強の「乱雑化装置」は太陽です。乱雑化の連鎖が（別の場所で）起こす現象のひとつに、生命の誕生と進化があります。太陽内の核融合で出るエネルギーが宇宙に散らばり、うち約二二億分の一が地球に届く。そのエネルギーを使う光合成で植物は、乱雑な分子の二酸化炭素と水から、炭水化物などきれいな構造の分子をつくり、荒れ地を植生で覆う。そのとき太陽は、ごく少しだけ死に向かっています。むろん太陽系の全体では、地球上で減る乱れ（増す秩序）を超す勢いで乱れが増えているわけです。

植物は動物の食物になります。ヒトが内燃機関なら、食物は燃料ですね。といってもふつうの燃焼とちがって、火がつくわけではありません。食物の代謝では、複雑な有機分子を数段階で最終産物の小分子（二酸化炭素、水など）に分け、段階ごとにエネルギーをとり出します。体内の代謝反応がギアや歯車の役目をし、出たパワーを特別な場所へ運ぶ。そこがクレーンのように働いて小分子（アミノ酸など）を吊り上げ、タンパク質（いわば精妙な分子ビル）に組みこむ……というようなイメージで生物は命を保ち、成長するわけですね。

食物の消化は乱雑さを増やします。その一方で体内のしくみがエンジンのように働き、乱雑化の勢いを利用して秩序ある構造を生む。むろん食物と体の全体をみれば、必ず乱雑さ（エントロピー）が増えているのですが。

乱雑化の勢いは、生物体だけでなく、動植物が織り上げる生態系をも生みました。むろん生物の進化（自然選択）も、熱力学第二法則に従う現象だといえます。食物連鎖でつながり合う豊かな生物界も同様。かぎられた燃料（餌）を求める生存競争が、自然選択という進化を促した……そんなふうに考えれば、生物たちを見る目も変わってくるのではないでしょうか。

全体としては乱雑化に向かう世界（宇宙）の中、乱雑化の勢いを（水車のように）利用して秩序化を進める……というのが自然界の姿だと心得ましょう。ローカルな秩序化（乱雑さの低下）が進んでも、それ以上の乱雑化がどこかで進んでいるため、宇宙（孤立系）の全エントロピーは増え続ける——それが第二法則の骨子です。個人的には、秩序化のうち生物の誕生と進化にいちばん心を引かれます。

＊　＊　＊

いままで生物の話が多かったのは、第二法則の中身をつかむのにぴったりだからです。むろん第二法則は、無機物や技術の世界にも深くからみます。

第二法則を技術に応用するときは、ボルツマンの墓石に彫られた式（分子のバラバラ化に注目した式）ではなく、クラウジウスが提案した式を使うのがふつうです。ボルツマン提案の半世紀前、分子など誰も知らなかった当時（一八五〇年）、クラウジウスはエントロピー変化を、エネルギーや粒子の乱雑化ではなく、実測できる量で表しました。熱の形で系に出入りするエネルギーを、出入りの進む温度（絶対温度）で割り、割り算の答えをエントロピー変化とみたのです。[2]

むろんクラウジウスは、粒子の乱雑さにからめた解釈などしていません。でもいまの私たちならそんな解釈ができます。熱の形をとるエネルギーの移動は、炎の中の分子とか、激しく震える電熱線の原子が、環境中の分子とぶつかり合って進む。ぶつかり合うとき粒子の動きは乱雑化するため、エントロピーが増えますね。つまり、熱の形でエネルギーをもらえばエントロピーが増す。ここまではOK。では、熱というエネルギーを温度（絶対温度）で割る操作は、いったい何を意味するのでしょう？

私の好みは、エントロピー変化を、街なかのくしゃみと図書館のくしゃみにたとえるやりかたです。騒がしい街なかを、粒子が激しく熱運動している高温の物体とみます。かたや静かな図書館は、熱運動が弱い低温の物体。そして、熱の形で系（物体）に入るエネルギーがくしゃみです。街なかのくしゃみはほとんど目立ちませんが、図書館のくしゃみは大いに目立つ。絶対温度は「騒がしさ」の目安だから、同じエネルギーをもらっても、高温物体のエントロピーは少ししか増えず、低温物体のエントロピーは大きく増える。クラウジウスの式は、そんなふうに解釈しましょう［訳注：似ても似つかないボルツマンの式とクラウジウスの式が同じ意味だということは、簡単に証明できる］。

熱力学の夜明けごろ、クラウジウスの発想をもとにフランスの技術者サディ・カルノー（1796～1832）が、画期的なことに思い至ります（当時の技術界には奇抜すぎ、何十年か忘れられていましたが）。カルノーは熱を、質量のない流体＝カロリック（熱素。70ページ参照）とみました。それを前提にした理論だと、理想的な熱機関の効率は、高温熱源の温度と、低温熱源（熱のシンク）の温度だけで決まる。[3] しかも熱機関の効率は、作業物体（水蒸気など）の種類にも圧力にもまったく関係ないとわかりました。

カルノーの結果は、新しい物理法則とはいえなくても、「守備範囲がたいへん広い法則」の一例だといえます。具体的に眺めましょう。

高温熱源（ソース）と低温熱源（シンク）の中間に、エネルギーを仕事に変える仕掛け（エンジンなど）があるとご想像ください。高温熱源（騒がしい街なか）から熱（エネルギー）をとり出します。熱源のエントロピーは減りますが、高温だから少ししか減りません。とり出した熱はエンジンで仕事に変える。そこで終われば「熱をそっくり仕事に変えた」ことになりますが、それは許される？　エントロピーが減ったままなので、許されませんね。自発変化は全エントロピーを増やすはずだから、エンジンの動作は自然な変化ではなくなってしまいます。

エンジンの動作を続けるには、高温熱源からとり出した熱の一部を、低温のシンク（空気や川の水）に捨てなければいけない。そのときシンクのエントロピーは増す。シンクは低温なので（静かな図書館)、そのエントロピーは大きく増える。では、エンジンを働かせるには、熱をいくら捨てなければいけないのでしょう？

一定値より多い熱を捨てたときに初めて、エンジンは働き続けます。捨てる熱の最小値は、熱を失う高温熱源のエントロピー減少と、熱をもらうシンクのエントロピー増加が、ちょうどつり合う値です。正確な値は、高温熱源とシンクの温度だけで決まります。エンジンの効率は、とり出した熱のうちいくらをシンクに捨てるかで決まる。すると、高温熱源とシンクの温度だけで決まり、エンジンの具体的なしくみには関係しません。

エンジンの効率を上げるには、高温熱源の温度をできるだけ上げ（エントロピー減少を抑え）、シンクの温度をできるだけ下げる（エントロピー増加を促す）のがよいとわかります。そのことを一九世紀の初めにカルノーが見抜いたのです。

熱力学第二法則は、「エントロピー」を使わなくても表現できます。どの表現も、エントロピー変化のことを頭に置いて、いま紹介したカルノーの発想も思い起こせば、理解はむずかしくありません。以下で紹介する表現二つは、私が好きな名言にも通じます。ハンガリーの生化学者アルベルト・セント＝ジェルジ（1893〜1986。一九三七年にビタミンCの研究でノーベル生理学医学賞受賞）が述べた、「科学者とは、他人と同じことを見ながら、誰も気づかなかったことに気づく人」という名言です。さて、第二法則の表現二つを紹介しましょう。

まずはウィリアム・トムソン（1824〜1907。ケルビン卿）が、先人の見解も参考に、蒸気機関の動作には低温熱源（シンク）が欠かせないと気づき、第二法則を独自の文章で表しました。[4] 念のため復習すれば、熱のシンクがないとエントロピーを増やせないため、熱機関の類は動作できないわけですね。

もうひとりのクラウジウス（79ページ）は、私たち現代人の言葉なら「コンセントに差さないと冷蔵庫も働かない」といいました。むろん冷蔵庫などなかった当時、彼がいったのは「熱は低温物体から高温物体にひとりでに流れはしない」です。実際の表現は少しちがいます。[5] 読者も解読できますね。低温物体が熱を失えばエントロピーが大きく減り、同じ熱が高温の物体に移ったときのエントロピー増加は、低温物体の減少分より小さい。すると全エントロピーが減ってしまうため、自発変化ではないのです。自発変化させるには仕事をつぎこむ（コンセントに差す）必要がある。低温物体が失う熱に仕事を足して、高温物体が得る熱（エネルギー）を増やす。それでエントロピーが増え、低温物体の失うエントロピーを「帳消し以上」にするのです。

ケルビンとクラウジウスの表現は、見た目は少しちがうのですが、「エントロピー」を使えば同じ意味だとわかります。そこにぜひ注目してください。表現が発表された当初は、抽象的なせいで敬遠されがちでしたけれど、抽象という営みは、バラバラに見えるものを統合し、見通しをよくして進歩を促すのに大きく役立つのです。

たぶん意外な見通しのひとつを紹介しましょう。エンジンでいちばん大事なのは、高度な設計・加工技術が生む部品ではなく、環境（熱のシンクになる大気や水）だということ。先ほど書いたように、動力の源はエントロピーの増加でした。エンジンの場合、熱をシンクに捨てるときエントロピーが増えます。だから最重要の要素は環境（外界）なのです。

高温熱源が供給する熱（エネルギー）は、エンジンを働かせたあと、低温のシンクに捨てられる。でも熱の供給は二次的なものにすぎないし、高温熱源ではエントロピーが「減る」わけだから、エンジンの動作にむしろ逆らう話です。つまりエンジンの性能は低温の環境がおもに決め、高温熱源は（必須とはいえ）脇役だと考えましょう。

技術の世界では、カルノーの理論を使い、エンジンや冷蔵庫、ヒートポンプなどの効率アップを目指します。どんな応用分野も、エネルギー保存則（造物主の**手抜き**）に縛られた「宇宙の乱雑化」をもとにしているのだと確認しましょう。

＊　＊　＊

本章の話には未解決の部分もあります。うち大事なものを眺めておきましょう。第一は、宇宙の営みがいつか終わってしまうのかどうか。自然現象を熱力学でつかもうとした人々は、世界の「熱死」に思い至ります。いま騒ぐ人がいる気候変動のレベルではなく、乱雑化がとことん進んで宇宙そのものが死ぬ話。臨終の間際には、宇宙の全エネルギーが熱のカオスに変わるため、もはや乱雑化（自発変化）も起こりえない。第二法則が働きようもないから、世界のローカルな秩序化も、生物体や生態系や人間の希望も消え失せてしまうのですね。

それが宇宙の未来だとしても、はるか先のことでしょう。なにしろ宇宙は体積の決まった球体ではなく、膨張を続ける風船のようなものですから。膨張中なら、乱雑化の余地はいつまでもなくなりません。また、宇宙がいずれ膨張から収縮に転じ、原初の一点に戻るなら、エントロピー増加と矛盾する……という心配も、たぶんまちがいだと思われています（一〇〇〇兆年後にどうなるかは誰も確信できませんが）。人間が調べた宇宙はせいぜい数十億年来のものでしかなく、それよりずっと長い時間にどうなるかは当面、誰ひとり想像さえできません（時間は直線ではなく「円弧」かもしれないし）。

第二に、宇宙が生まれたとき、エントロピーはいくらだったのか？　宇宙誕生のとき**わずかなこと**しか起こらなかった、という私の仮説を受け入れていただけるなら、答えはひとつだけありまず。いまの宇宙（または最初の原宇宙）が生まれる前は、構造も何もいっさいない均質な**虚無**でした。**虚無**が**何か**に変わったとき、均質さは保たれたはずだから（私の仮定）、生まれた宇宙も**虚無**の均質性を受け継いだはず。**虚無**にはランダムな乱れもなかったので、原初のエントロピーはゼロだったにちがいありません。

生まれたあとは、よくご存じの歴史です。さまざまな出来事が宇宙の乱雑化（エントロピー増加）を促し、その勢いを借りてローカルな秩序化も進みました。星と銀河と惑星の誕生も、地球に誕生した生命が戦いや哲学、芸術を生んだのも、ローカルな秩序化です。生命はたぶん地球以外の惑星にも生まれているでしょう。いまはまだ宇宙の歩みの途中だから、文化や人工物でローカルに乱雑さを減らしつつも、宇宙全体の乱雑さは増え続けているのですね。

それが「時の矢」だといえます。止めようのないエントロピー増加と「逆行しない時間」が私たちを未来へ運ぶため、過去の再訪も修正もできません。いつの過去もいまよりエントロピーが小さかったので、過去に戻れはしない（たぶんそのほうが幸せ？）。時が流れ、何か起これば必ずエントロピーが増える以上、私たちの前には未来だけがある。過去は、いわば凍結されたアンタッチャブル世界ですね。

つまり歴史とは、エントロピー増加の勢いを借りて生まれた秩序構造の動めきだといえましょう。生まれた秩序が私たちの記憶と経験にからみながらも、止めようもなくカオスへと向かう道のり。そこには神秘性などありません。

＊　＊　＊

そのことは、物理法則（本書の主題）にも成り立つのでしょうか？　私自身は、ひとつ謎があると感じています。どんな物理法則も時間の向きに関係しないため、ひょっとして自然は時の歩みなど知らないのでは？　法則の一部（エネルギー保存則など）は時間に関係ないし、ほかの法則だと、方程式を解いた結果は、時間の符号を変えても実質的に変わらない。そうした物理法則の類と「一方向の時間」は、どう整合するのでしょう？

例として、惑星の動きを表すニュートンの運動方程式を考えます。時間の符号が正なら未来への軌道を、負なら過去への軌道を表す。時間が前にしか進まない要素など、方程式は含んでいない。それなのに世界がひたすら未来へ進むのは、なぜなのでしょう？

自死で世を去ったボルツマン（4章）が、たぶんそうとは自覚せず、いまの話にからんできます。時間など気にせず飛び交う分子集団は、最初の位置と速度がどんな値だろうと、最後はランダムな分布に落ち着く……と彼は証明しました。つまり、分子の一個一個に注目するのではなく、統計的な結果さえ考えれば、「対称な時間」から「一方向の時間」が出てくる。つまりボルツマンは、集団のふるまいが「時の矢」を生むと示したのです。

イメージをつかむため、箱に入れた球一個を考えます。球はいつも飛び交い、壁に当たれば跳ね返る。出発点にぴったり（一瞬だけ）戻る確率はゼロではありません。では、ときどきぶつかり合う二個の球なら？　二個ともが出発点に戻る確率もゼロではないけれど、「最初と同じ位置」の考えかたしだいでは、一個のときより確率はずっと小さいでしょう。

球が三個、四個と増えても、「全部が出発点に戻る」確率はゼロではありませんが、何千年や何万年に一回かもしれない。でも一〇〇個、一〇〇〇個、あるいは一兆個ともなればどうでしょう？原理上「最初とぴったり同じ位置に戻る」ことはありうるけれど、一〇〇個でも宇宙の年齢くらい先かもしれません。要するに、球（粒子）一個一個の動きを表す法則が「可逆」でも、現実世界は「不可逆」なものになってしまうのです。

現実世界を織りなす縦糸と横糸の奥深くには、もっと根源的な問題もひそみます。私たちが「時の矢」だと思うのは、じつは、二本の矢がからみ合ったものかもしれない。統計的な（ボルツマン流の）矢と、宇宙そのものの矢です。宇宙そのものの矢は、「原理上ありうる」可逆性さえも変えてしまう。先ほどの球一〇〇個をじっと見つめ続ける人がいたとした場合、見つめるうちに宇宙は大きくなってしまいます。だから「最初と同じ位置」はありえない。膨張し続ける宇宙の中で、「初期状態」を決めたときの時空はもはや歴史のひとこまだから、原理的にさえ「初期状態」は再現できないし、待ち時間が長いほど、再現される確率もどんどん減っていくでしょう。

要するに、時間を反転させたとき物理法則が変わらなくても、現実世界では、複雑な働き合いがあるうえ、舞台となる宇宙そのものが膨らみ続けるので、物理法則の表れは「不可逆」になります。だから過去には戻れないのです。

＊　＊　＊

ここまでに熱力学の第零法則（温度）と第一法則（エネルギー）、第二法則（エントロピー）を紹介しました。じつは四つ目の法則もあります（遅く生まれた第零法則のせいで「第三法則」とよぶ）。ほか三つとちがって何か物理量に関係しないため、「法則」とよぶのに首をかしげる人もいます。たぶん、ほかの三つをまとめて熱力学を仕上げるもの……と思えばよろしいでしょう。

一九〇五年に第三法則を提唱したドイツの化学者ヴァルター・ネルンスト（1864〜1941）は、先取権をめぐるちょっとした論争のなか、「有限のステップで絶対零度には到達できない」と表現しました。そこはかとなく漂う「失敗感」を皮肉りたい人なら、第一法則は「（エネルギーに）何も起こらない」、第二法則は「ものごとは悪化の一途」、この第三法則は「試みても絶対に失敗する」と解釈しそう。ネルンストの表現は、分子集団ではなく観測事実がもとだから、ケルビンやクラウジウスの表現（第二法則）に似ています。

やがて一九二三年、分子世界に思いをはせた米国の化学者ギルバート・ルイス（1875〜1946）とマール・ランドル（1888〜1950）が、第三法則を「どんな完全結晶も絶対零度でエントロピーが同じ一定値になる」と表現しました。見た目がずいぶんちがっても二つの表現は同じ意味……その背景をくわしく説明する余裕はありませんが、こんな事実が参考になるでしょう。エントロピーが一定値に近づくので、絶対零度に近くなるほど、物体から熱を奪うのに必要な仕事がどんどん増え、絶対零度に達するには無限のエネルギーを要するということです。(6)

どんなふうに表現した第三法則も、あらゆる物質のエントロピーが絶対零度で同じ値になると語ります。その値がいくつなのかは明示しないものの、エントロピーを乱雑さの尺度とみるボルツマンの解釈から、なんとなく見当がつくでしょう。ゼロですね。完全結晶なら分子やイオンも完璧な姿で並び、結晶の乱れも分子の配置ミスもない。絶対零度なら全部の分子が最低エネルギー準位にあり、分子ごとに「震え度」がちがうという乱雑さもない。究極の完全さだけがある世界だから、物質の種類に関係なくエントロピーはゼロ。むろん私たちの手が届くはずはない！

第三法則は、超低温で進む物理現象を調べたい人にとって大きな意味をもちます。常温の研究室にいる常人にも、第三法則は欠かせません。絶対零度でエントロピーがゼロになる事実は、化学変化が「どの向きに、どんな勢いで進むか」など、熱力学のさまざまな計算の出発点になるからです。計算のこまごました話は本書の範囲を超えますが、ほか三つを締めくくる趣の第三法則は、三つだけでは届かない考察の道案内になるのです。

いま「締めくくる」と書きました。熱力学に五つ目、六つ目……の法則はあるのでしょうか？さしあたり誰も知りませんが、あってもいいと思う人はいそうです。熱力学の第二法則は、変化の向きと、見た目の変化が止まった平衡状態を扱います。さらには、平衡からずっと遠い状況で何かが起こるとき、エントロピーがいくら増すか（変化がどんな速さで進むか）を扱う分野もあります。ロシアに生まれたベルギーの化学者イリヤ・プリゴジン（1917～2003）がそんな「動的構造」を調べ、一九七七年のノーベル化学賞に輝きました。とはいえ「決定論は死んだ」とほのめかす彼の見解はまだ賛否が分かれ、受け入れない研究者もいることは指摘しておきましょう。(7)

＊　＊　＊

振り返ります。劣化し続ける世界の中で、「劣化の勢い」がローカルな秩序を生むのでした。熱力学第二法則は、物質とエネルギーの「バラバラ化」傾向を手がかりに、自然現象を起こす駆動力を浮き彫りにします。日ごろの経験にも合う乱雑化の原理があらゆる物理変化と化学変化を説明できるのは、驚異のひとつだといえましょうか。エンジンの性能などを通じて経済活動にも深くから む第二法則の奥底には、時間について可逆な物理法則が、不可逆な流れを生むという不思議な事実もありました。**アナーキー**の子といえる第二法則は、ゆっくり進む変化も、自然界と人間世界にある驚異の構造や営みも生み出すのだと考えましょう。

6章　知を生む不可知——気体とバネの法則

ミクロ世界の個性には、**手抜き**と**アナーキー**のほか、**不可知**（知りようがないということ、無知 ignorance）もあります。本章では、知りようのない分子レベルの出来事が、美しい法則を生み出す——そこに光を当てましょう。まず注目する物理法則は、現象の数値化が大切だと科学者が気づき始めた一七世紀に書き表されながら、ようやく一九世紀の末に意味がつかめたもの。意味をつかむうえでのカギが、**不可知**世界の考察でした。

その法則は、いちばん単純な物質とみてよい気体について、オックスフォードのロバート・ボイル（1627～91）が一六六二年、パリのエドム・マリオット（1620～84）が一四年後の一六七六年に発表しました（情報が一瞬で伝わる現代とはちがい、互いの研究を知らなかったらしい）。きちんと数式化したのは、約一〇〇年後のフランス人ジャック・シャルル（1746～1823）です。技術の開発と活用をねらって自然界の研究がどんどん進んだ当時、シャルルの関心は気球飛行にありました。

ボイルとマリオットが見つけたのは、物質の性質を定量的に表し、計算にも予測にも使える史上初の法則だったので、科学史にしっかりと残りました。じつは熱力学の研究と応用にも大いに役立ったため、基礎と実用の両面で画期的な発見だったといえます。

1章でざっと紹介したボイルの法則を、要点だけ振り返りましょう。「温度と量が一定のとき、気体の圧力と体積は反比例する」という法則で、気体の体積を半分にすると、圧力が二倍になるのでしたね。

いまの私たちなら、定性的な説明はむずかしくありません。気体とは、真空中をひたすら飛び交う分子の集団です（それがわかったのは二〇世紀になってから）。圧縮すれば、同数の分子が小さな体積に詰めこまれるけれど、飛ぶ平均速さは変わらない（速さは温度で決まるため）。気体分子の密度が上がる結果、一定時間に容器の壁と衝突する分子が増える。圧力は「衝突の勢いを総合したもの」だから、圧力が上がるわけですね。では定量的にはどうか。温度が一定のとき、圧力と体積のくわしい関係は、かのボルツマンが「気体分子運動論」で確かめました。

温度と体積の関係はシャルルが突き止めます。彼が壮年だった一八世紀の末、空に上がる手段は熱気球でした。熱気球はフランスのモンゴルフィエ兄弟（ジョセフとエティエンヌ）が発明し、一七八三年九月一九日にヒツジとアヒルと鶏を乗せて舞い上がります。家畜はさぞ怖かったでしょうね。同じ年の一〇月一五日、その怖いものに人類（ダルランド侯爵と冒険家ピラートル・ド・ロジエ）が初めて乗りました。

やがて、そのころ熱気球より現実的だった水素気球が（ほどなく、毒性・引火性とはいえ調達しやすい石炭ガスの気球も）空の征服を果たします（高圧ボンベが使えるようになる一九五〇年代までそのまま）。ガス気球なら、熱気球に必須のバーナーも不要だし、燃料切れで墜落することもありません。熱気球とガス気球のどちらでも、温度が気体の性質を（ひいては気球の浮遊性能を）どう変えるかに関心が集まります。熱気球が浮くのは、暖めた空気の密度が小さくなるからですね。高く上がるほど温度が下がるのも関心事のひとつでした。

やはり気体の性質を調べたジョセフ・ゲーリュサック（1778～1850）らが一八〇四年、大気の組成と高度の関係を調べようと、果敢にもパリの空に舞い上がります。到達高度の六〇〇〇メートル超は当時の世界記録でした。

気球飛行の先駆けだったシャルル（一七八三年暮れに五五〇〇メートルまで到達）が実験を重ね、いまシャルルの法則とよぶ事実を見つけます。圧力と量が一定のとき「気体の体積は温度に比例する」です。つまり、温度が倍になると体積も倍になる。ただし温度には、人間が気ままに決めた摂氏や華氏ではなく、ケルビン単位の絶対温度を使います（4章）。だから二〇℃（二九三K）の二倍は四〇℃ではなく、三一三℃（五八六K）だというところに注意しましょう。

ボイルの法則とシャルルの法則を合わせると「完全気体の法則」ができ上がり、言葉では「気体の圧力は体積に反比例し、絶対温度に正比例する」と書けます。[1] 高校で習う「理想気体の法則」も同じものです。[2] 完全気体の法則は、気体の種類に関係なく成り立ち、純気体か混合気体（空気など）かにも関係ありません。

完全気体の法則を表す式に使う定数を、なんとも味気ない「気体定数」とよびます。気体定数は、基礎物理定数としてしじゅう顔を出すボルツマン定数の別表現です（4章ではそのことに触れませんでしたが）。だからこそ気体定数は、気体とおよそ関係のない現象（たとえば電池の電圧）を表す式にも出てきたりします。

1章では「極限法則」を紹介しました。物質が少ないほど正確さが上がり、物質の量がゼロの極限で正確に成り立つ法則ですね。完全気体の法則も同類で、圧力がゼロに近いほど（体積が大きいほど）正確さが向上します。うんと薄い気体だと、分子どうしの引き合いも衝突も起こりにくい。そういう複雑化要因が無視できる気体を、「完全に近い気体」とみるのです。とことん薄い「分子一個だけの気体」なら、完全気体の法則が完全に成り立つというわけ。

だからといって極限法則を、役に立たないとみてはいけません。ほかの例と同じく完全気体の法則も、現実の系を考察するとき、よい出発点になります。完全気体の法則なら、常温常圧の気体に当てはめたときズレが見つかれば、その気体に特有な要因を明るみに出せたりする。カラスは二地点間をまっすぐに飛ぶそうですが、陸上の私たちも、なるべく直線に近い経路をとろうとしますね。直線が「完全経路」や「極限経路」、現実にとれる曲線が「実在経路」だと思えばよろしいでしょう。

日ごろなじんでいる一気圧なら、どんな気体もほぼ完全気体＝理想気体とみてかまいません（厳密な話には補正が必要）。圧力がたいへん高いとか、凝縮すれすれの低温だと、補正もかなりの大きさになります。実のところ完全気体の法則は、気体の話にとどまらず、熱力学にからむ理論式の多くにも顔を出すため、その重要性はいくら強調しても足りないくらいです。

自然科学の極限法則はほかにも多く、現実の系を理想化した「完全なエッセンス」を表すものだと心得ましょう。ほとんどは近代科学の夜明け時期に見つかり、発見者の名を冠しています。うち三つだけ簡単にご紹介します。

ひとつが、液体に溶ける気体の量を表し、ソーダ水やシャンパンの製造、潜水病などにからむ「ヘンリーの法則」で、英国の化学者ウィリアム・ヘンリー（1774～1836）が見つけたもの。(訳注)二つ目は、物質が溶けた液体の性質を表し、水の凝固点降下などを説明する「ラウールの法則」で、発見者はフランスの化学者フランソワ＝マリー・ラウール（1830～1901）。三つ目、溶媒分子が膜の細孔を通り抜け、細胞の「張り」を保ったり植物の養分吸収を助けたりする浸透

（訳注）一七九九年の著書“Elements of Experimental Chemistry”のオランダ語訳を、一八三七～四七年に宇田川榕菴（ようあん）が二一巻の邦訳にし、日本初の化学教科書『舎密開宗（せいみかいそう）』として刊行。舎密はchemie＝化学。

(osmosis：ギリシャ語の「押す」由来）を表す「ファントホッフの法則」は、オランダの化学者ヤコブス・ファントホッフ(訳注)が見つけています[3]。

三つの法則はみな、科学の夜明け時期だから、初めて見つけ、後世に伝えるのもやさしかったでしょう。とりわけ物理化学を前に進めるうえで大いに役立った法則ですけれど、本書の趣旨に深い関係をもつわけではありません。どれも熱力学第二法則の要点「カオスへ向かう**アナーキー**」にからむものの、ともかく第二法則の派生物にすぎません。ただしこうした法則があればこそ、植物は枯れず、作物がとれて、読者も私も生きていける。そういう意味の「極限性」にからむ法則だとはいえましょうが。

* * *

本題に戻ります。**手抜き**と**アナーキー**に**不可知**がどうからみ、完全気体の法則を生むのか考えましょう。気体とは、たえず飛び回って衝突し合い、衝突のあとは向きと速度を変えて飛び去る……そんな分子の集まりでした。静かな空気中にいる読者の皮膚も、「乱打の嵐」を受け続けています［訳注：平均的な成人の体表が受ける圧力は、質量に換算して約一六トン相当］。空気の分子がテニスボールなら、ほぼテニスコートの距離を飛ぶたび仲間にぶつかる、というのが「嵐」の実体です。

（訳注）「van」「't」「Hoff」は別々の語だから、英字ではvan 't Hoffと書くのが正しい。van't Hoffと誤記した英和辞典や教科書も多いので注意。

古典力学のもと、**手抜き**（エネルギー保存則）と**アナーキー**が織りなすカオス世界だといえましょう。

その話なら**不可知**とは、おびただしい数の分子が暴れ回る騒乱の中、「ある分子一個一個のふるまいは知りようがない」ことをいいます。分子と壁の衝突が生む圧力を知るのに、一個一個の軌道を追いかける必要はありません。社会学だと、個人個人の行動はわからなくても、集団の行動は見当がつく。それと似て気体の場合も、分子集団の全体的なふるまいに注目し、分子一個のふるまいは無視してかまいません（知りたくてもわからないから）。要するに、分子たちの「平均的なふるまい」を扱うのです（「統計力学」の世界）。

ニュートン力学をもとに数学で分子の運動を扱えば、ボイルの法則がたちまち出てきます。[4] ボイルが実験で確かめた法則なら、数学など使わなくても出て当然だろ……とお感じの読者もいるでしょう。お気持ちはわかりますが、じつは数学を使って出る結果は、「ボイルの法則」よりずっと豊かなのです。たとえば気体の圧力や体積に、さまざまな量（分子の質量、平均速さなど）がどう影響するのかわかってきます。ボイルの法則をグラフ化して眺めるだけで、そんな情報はわかりません。物理法則を正しい数式に表せば、物理現象の根元や背後を浮き彫りにできる——という例のひとつだといえましょう。

＊　＊　＊

シャルルの法則から、「圧力は絶対温度に比例する」という法則も出てきます［訳注：発見者ギヨーム・アモントン（1663～1705）の名から「アモントンの法則」とよぶこともある］。この場合も、**不可知**な状況を数学で扱うと、法則の背景が明るみに出てくるのです。

分子の速さと温度の関係がカギになり、速さは二重の役目をします。速く飛ぶほど一定時間に壁と衝突する分子は多いし、速いほど衝突時の衝撃も大きい。だから温度が上がったとき、圧力はその両面で高まりますね。実のところ分子の平均速さは、絶対温度の平方根に比例します（すぐあとで説明）。二つの平方根がかけ合わさる結果、「圧力は絶対温度に比例する」という法則が出てくるわけです。[5]

ではなぜ、分子の平均速さは絶対温度の平方根に比例するのか？　まず、気体分子の平均速さがどれくらいかを眺めましょう。平均速さは分子の質量で変わり、たとえば二〇℃での秒速は、軽い窒素分子が五〇〇メートル、重い二酸化炭素分子が三八〇メートルくらい。いまの数字が空気中の音速（一気圧のとき約三四〇メートル）と近いのに気づいた読者もおられましょう。音波とは、空気分子の集団が動いて生む「圧力の波」を意味し、波の速さは分子の動きを反映します。だから音速は分子の平均速さに近いわけです。

分子の速さは絶対温度の平方根に比例する、と先ほど書きました。その関連でまた脇道に少しだけ入ります。たとえば気温が猛暑の三五℃から厳寒の〇℃へと下がったとき、分子の平均速さはたった六%しか減りません（ヒトという生物の感覚器官がどれほど敏感かを教える事実。確かめましょう）。

さてここからが本題。分子の平均速さが絶対温度の平方根に比例する理由です。それがわからないと、「圧力は絶対温度に比例する」をつかめたことにはなりません。気体は十分に薄く、分子たちはほとんど引き合わないとします。そのとき気体分子のエネルギーは、引き合いのエネルギー（位置エネルギー）が無視できるため、飛び（並進(へいしん)）の運動エネルギーだけとみてよろしい。速い分子ほど運動エネルギーが大きいので、平均速さを見積もるには、分子の平均運動エネルギーと速さの関係がカギになります。

4章のボルツマンは、「全エネルギー一定」だけを縛りに、分子たちがエネルギー準位を占める状況を考察してボルツマン分布の式にたどり着き、分子の平均運動エネルギーが絶対温度に比例するのを確かめました。じつは気体の場合、分子の平均運動エネルギーは、平均速さの二乗に比例します（高校物理で学ぶ内容）。すると平均速さは絶対温度の平方根に比例することになって、それがまさしく先ほどの法則の基礎になるのですね。

シャルルの法則と派生法則が全部ではありません。先述のとおり、ボイルの法則とシャルルの法則を合わせた完全気体（理想気体）の法則は、さまざまな熱力学理論の出発点にもなるものでした。合体内容のうち、「ボイルの法則」成分は分子と壁の衝突にからむ考察からきて、「シャルルの法則」成分は、分子の平均速さと温度の関係からくるのですね。

話の絶妙さをおわかりいただけましたか？　分子一個の**アナーキー**な動きなど知りようのない**不可知**状況から、蒸留でつくった美酒のように、きれいな完全気体の法則が出てきます。考察の道すがら、気体分子の平均速さがわかり、分子の質量や温度と平均速さの関係もわかりました（数式は巻末の注記5にまとめてあります）。つまり**不可知**状況も、うまく切りこめば、自然界の理解につながる豊かな知恵を生むのです。

* * *

完全気体の法則は、小さい法則（外部法則。1章）のひとつだといえます。小さい法則とは、大きい内部法則を木とみれば、木から落ちてくる果実です。例はほかにもありますが、**手抜き**と**アナーキー**が生む内部法則に、**不可知**をとりこんだ結果だと考えましょう。

フックの法則（1章）も外部法則です。一七世紀の思索家ロバート・フック（1635〜1703）は、合理的な啓蒙主義の波が混乱の闇を追い払う時期、ニュートンを刺激したばかりか、独自の大きな成果もあげた人。「バネの復元力は伸びに比例する」がフックの法則でした。バネを一センチ伸ばしたときの抵抗が、二センチ伸ばすと倍になる。(6) その性質をニュートン力学（**アナーキー**の子）で扱えば、バネの振動が出てきます。ぜんまいや天輪（てんわ）（バネの類）を使う時計のしくみですね。

フックの法則も極限法則の類だから、厳密に正しいのは、静止（平衡）状態からのズレがゼロのときです（バネなら「伸ばさないとき」、振り子なら「振れないとき」）。少し伸びたバネも、振れた振り子も、法則からのズレを必ず示す。ただしズレは小さいため、フックの法則をそのまま使った計算に意味は十分あるし、時計も時を刻みます（大きく伸ばせば、伸びきったゴムと同じく、法則そのものが「ブチッと切れて」しまいますが）。

さて、フックの法則と**不可知**は、どうからみ合うのか？「変位に逆らう力」だけを考えれば、ほかの要因を何ひとつ知らなくても、フックの法則が出てくるということで、話はこう進みます。

何か性質（長さ、体積など）を思い浮かべ、ある変数（パラメータ）を変えたとき、性質がどう変わるかを想像する。変数とは、バネの伸び、振り子の振れ角、原子間の距離、圧力などをいい、変数のズレ幅が「変位」です。どの場合も変位に応じて性質が変わり、変位がゼロなら性質は（安定な）極小値をとります。

性質のひとつ、バネのエネルギーを考えましょう。横軸が変位（伸び・縮み）、縦軸がエネルギーのグラフを思い浮かべます。変位ゼロ点の両側で、エネルギーは増えていく。つまりバネのエネルギーは、伸ばしても縮めても増え、伸び縮みしないときに極小……という曲線のはず。

実のところそんな曲線は、性質や変数の種類に関係なく、まったく同じ形になるのです（ふつう極小点のそばは放物線）。ニュートン力学で解析すれば「復元力が変位に比例する」とわかり、フックの法則に一致します。[7] こうして、力の具体的な中身をいっさい知らなくても、現実の物理現象を支える力の性質がわかってくるというわけです。

＊　＊　＊

少し前の話題に戻ります。ぜんまい式の振り子時計や腕時計は、フックの法則（復元力が変位に比例）を利用するものでした。時計のコアにある周期的な振動は、古典力学の結論だから納得できる……だけのものだろうか？　ひょっとして、規則正しい振動の根元には、何か深いものが隠れていたりしないでしょうか？

空間でも時間でも、規則正しさの背後には、何か対称性がありそうです。いまの場合、振れるおもりの運動エネルギーと、おもりの上下位置で決まる位置エネルギーは、たえず入れ替わり続けていますね。運動エネルギーは運動量の二乗に比例し、位置エネルギーは変位の二乗に比例します。[8]

運動エネルギーと位置エネルギーの入れ替わりは、高校物理でも学びました。振り子が片方の端にきて一瞬だけ止まったときは、運動エネルギーがゼロ、位置エネルギーが最大です。逆向きに振れ始めると、位置エネルギーが運動エネルギーにどんどん変わっていく。鉛直になった瞬間は、位置エネルギーがみな吐き出され、運動エネルギーが最大になる。以後は運動エネルギーが位置エネルギーに変わってゆき、逆側の端でまた一瞬だけ止まる。こうしたエネルギー変換（エネルギーの変身）が進む結果、時計が時を刻むわけですね。

対称性のことを、もう少し掘り下げましょう。少し準備が必要です。自然界の見かたには、ものの位置に注目するか、運動量（質量×速度。2章）に注目するかの二つがあります。いままでは**虚無**を「位置のメガネ」で見つめ、**虚無**は均質にちがいないと書きました。けれど「運動量のメガネ」で**虚無**を眺めるとしましょう。私たちの五感では知りようのない（**不可知の**）状況ですけれど、物質の研究では、「運動量空間での測定」も少なくないのです。たとえばDNA分子の構造解明もそうでした。X線回折（かいせつ）という方法を使い、結晶にX線のビームを当てると、散乱（回折）されたX線が乾板にパターンを生み、パターンの解析から原子の空間配置をつかみます。実のところそのパターンは、「運動量のメガネで見た分子の構造」なのですよ。[9]

運動量のメガネで見た**虚無**も、やはり「空っぽ」だと考えてよろしいでしょう。何もない**虚無**は、どう観測しても均質なはず。何度か書いたとおり、宇宙誕生のとき**わずかなこと**しか起こらなかったと考えれば、生まれた宇宙は運動量の面でも均質なままだったと思えます。

宇宙が均質だからこそ、物理法則の類は、動く速度に関係しません。観測者と被観測者が同じ速度で動いていれば、物理法則は両者に共通です。振り子の振れも、振り子時計が秒速一〇〇メートルで動こうと止まっていようと、同じ法則に従います（時計と読者の速度が別なら狂いますが、それは相対論の話。8章参照）。

位置と運動量で表した宇宙には、深い対称性があります。振り子を例に考えましょう。振り子のエネルギーは、空間の面で対称な（距離の二乗に比例する）位置エネルギーと、運動量の面で対称な（運動量の二乗に比例する）運動エネルギーがそれぞれ等分に寄与するものです。振れる途上、エネルギーの見た目が運動量から位置へ、位置から運動量へと、周期的に変わり合う。位置のメガネで位置の変化に見えるものが、運動量のメガネでは運動量の変化に見える。どちらも見える景色は変わりません。その対称性こそが、バネや振り子や天輪が続けるリズミカルな振動の背後にあるのですね。

＊　＊　＊

分子世界の**不可知**は私たちをだいぶ遠くまで運び、ときにきれいな法則（知の土台）を生むのでした。**不可知**のひとつは、粒子一個一個のふるまいです。社会学者が人間集団を調べるのと似て、本章では気体を素材に、分子集団のふるまいを表す（熱力学の応用にも役立つ）法則にたどり着きました。

もうひとつの**不可知**は、目に見える物体のふるまいです。静止状態から少し変位させたときのふるまいを表す物理法則は、具体的な振り子やバネばかりか、似たような系なら共通に当てはまります。そして振り子の話で少し脇道に入ると、**虚無**から生まれた宇宙に内在する深い対称性が明るみに出るのでした。

7章　正負の小粒——電磁気の法則

電気と磁気（電磁気）の法則は、じつに大きな仕事をします。人体のつくりも、私たちの趣味や娯楽や産業も、電磁気が働くおかげですから。太陽のエネルギーは電磁波の姿で地球に届き、植物の光合成を通じて生物圏を生み、森林や耕地や草原、海中の緑（藻類）をつくります。その植物を食べる動物たちが、海中にも陸上にも栄えてきました。人間の創造性も人生の楽しみも、太陽エネルギー＝電磁波が地球にやってくればこそですね。

マクロ世界の物質も材料も、ミクロ世界で原子や分子を結びつける電磁気力が生み出します。また、電磁気力をもとにした移動手段や通信は、社会インフラからゲーム機にまで及ぶため、電磁気がなければ人間社会は成り立ちません。

見た目のちがう電気と磁気も、じつは根元は同じです。電磁石は電流が生み、発電機が磁石を使っているのはご存じでしょう。だから電気と磁気は、共通の「電磁気」がそれぞれ別の姿で現れるもの。ここが肝心です。物理学者は、**四つの力**（電磁気力、弱い力、強い力、重力）が根源の基本力の表れだと考え（統一場理論）、基本力（いわば聖杯）を追い求めてきました。基本力の発見はまだだいぶ先でしょうが、もし見つかれば、世界の見かたはぐっと単純化するはず。そのとき、力にからむ物理法則の群れも、ひとつに統一できるかもしれません。本章では物理法則の「起源」に思いをめぐらせましょう。

聖杯を探す旅では、対称性がガイドになります。いままでも対称性の役割には触れてきました。2章では、エミー・ネーターが見抜いた「対称性と保存則の深い関係」をもとに、宇宙は虚無の均質性を受け継いでいるはずだと書きました。前章でも、振り子時計の働きにひそむ対称性のことを考えています。

対称性と基本力の関係を感じるため、少し頭の体操をしていただきます。電気力は正方形、磁力は正六角形だと想像しましょう。どうやっても二つは重なり合いませんね。

そこで立方体を思い浮かべます。正面から見れば正方形、斜めの方向から見れば正六角形です（サイコロか何かで確かめましょう）。すると、二次元では別物だった図形が、三次元に視野を広げたとたん、「同じものの別側面」になる。立方体という「電磁気力」が、視座に応じて電気力、磁力になる……と思ってよさそうです。これからの話は、いまの立方体を頭に置けばわかりやすいと思います。先ほど書いた統一場理論では、むろん「電磁気力」も成分のひとつにすぎません。

二つ目の「弱い力」は、原子核（核）の中だけで働き、陽子や中性子を変身させて放射線を出させるものです（核の放射壊変）。放射線には、ガンマ線（波長が短く、光子（こうし）エネルギーが大きい電磁波）と、帯電粒子（アルファ粒子＝ヘリウム核、ベータ粒子＝高速の電子）がありました。

第三の「強い力」もほぼ核内だけで働き、陽子と陽子、陽子と中性子、中性子と中性子を結びつけています。陽子どうしの電気的反発より強いからこそ、核は安定に存在できるわけですね。強い力が、もしも電磁気力のような長距離に及ぶ力だったら、宇宙の万物は引き合って、巨大な原子一個になったでしょう。

以上三つの力は、だいぶよくわかってきました。四つ目の重力もいずれ「統一場理論」に組みこまれるでしょうが、さしあたり重力は、時空の構造にからむ謎めいた性質をもっているようだから、最後まで残る超難問なのかもしれません。

先ほどの立方体に似た「多次元の立方体」をイメージし、抽象的な空間内で回転などの操作を施し、四つの力を統一的に理解することになるでしょう。聖杯探しの旅ですね。むろん聖「杯」といってもコップのようなものではなく、いまのところ想像力の及ばない「多次元空間にある複雑怪奇なモノ」くらいの形容しかできませんが。

以下、統一場理論に迫る道の一部だけたどるため、おなじみの電磁気力をおもに考えます。電磁気の法則の「ゆりかご」を考察したあと、弱い力や強い力、重力ならどんなことがいえそうかは、読者のご想像にお任せします。なにしろ最先端の物理でも、弱い力と強い力の統一はまだ研究中だから、最終結論ではないことをご承知おきください。

道に迷いそうな気分の読者にひとこと。私自身、宇宙が誕生したときわずかなことしか起こらなかった（ほぼ何も起こらなかった?）ため、電磁気の法則も手抜きとアナーキーの産物だと思っています。なにしろ虚無からひとりでに何かが生まれたのですから。何度も書いたことですが、私のそういうスタンスを思い出しながら読み進んでください。

＊　＊　＊

まず数式化された電磁気の法則は「クーロンの法則」です。フランスの物理学者シャルル＝オーギュスタン・ド・クーロン（１７３６〜１８０６）が一七八四年に発表した法則で、「電荷どうしに働く力は距離の二乗に反比例する」という「逆二乗則」ですね。英国のジョゼフ・プリーストリーやヘンリー・キャベンディッシュも似たことに気づいていましたが、きちんと調べて数式化したクーロンだけが法則名に残ります。逆二乗則に従う重力からの類推で電気力もそうだろうと、クーロン以前から想像されていたようです。(1)

ときに気まぐれな神様も、電荷どうしの働き合いだけには、いちばん美しい法則を与えました。それがクーロンの法則です。ただし最高の美しさは、うわべを見ただけではわかりません。

まず、電荷どうしに働く力は球対称ですね。球は、三次元空間で最高の対称性をもつ立体。具体的に考えましょう。中心を通る直線は無限にあって、どれも対称軸になる。対称軸のまわりにどれだけ回しても球の姿は変わらない（回転対称）。また、中心を通って球を二分する平面を鏡とみたとき、どの平面も鏡になって球を生む（鏡映対称）。つまり球は、「無限個の対称操作」を何重にも備えているのです。対称性に美を想うなら、球こそが美を体現しているといえましょう。

クーロンの法則も「球形」だといえます。働き合う電荷と電荷の向きに関係なく、逆二乗則が成り立つ。あたりまえに見えるその性質こそが、私たちの知っている原子を生み、ひいては万物の性質につながりました。

ここにも、宇宙の母体だった**虚無**が見え隠れしています。クーロン力の対称性は、私の言葉でいうと、**虚無**の均質さ（球対称性）を受け継いだのでしょう。クーロン力が生まれたとき（あとの説明も参照）、**虚無**はそのままクーロン力を伝える「場」になりました。いわば神様の**手抜き**です。

第二に、クーロンの法則には、球対称をさらに超えた性質もあります。電荷どうしの「距離」を考えるだけでは見えない、内部に秘めた対称性をもつのです。三次元になじんだ私たちにはわかりにくいのですが、じつは四次元に昇っても対称性が保たれているため、それを「超球対称性」とよぶことがあります(2)。

ここでまた頭の体操をしていただきましょう。例には「二次元→三次元」を使いながら、延長線上で「三次元→四次元」の操作も思い浮かべていただこうという寸法です。先ほどの「二次元→三次元」では、平面の正方形と正六角形が、立方体の「別側面」になる話でした。その先に少しだけ踏みこみます。

真ん中に大きな赤丸を描いた正方形の紙をご想像ください。別の同じ紙は、右半分を赤く塗り、左半分を白いまま残します。二つのパターンは、一見したところ別物ですね。さてどうでしょう? 「二次元→三次元」では、正方形と正六角形が「仲間」だとわかりました。赤い丸と長方形でも、似たようなことがいえるのでは?

再び「二次元→三次元」を考えます。白い紙の中央に、透明な球を置く。南半球は赤く塗り、北半球は透明なまま。真上から見下ろせば、白い紙の真ん中に、南極点を中心とする赤丸が見えますね。つぎに球を右に九〇度だけ傾けると、左半球が赤で、右半球が透明。そのとき球をまた真上から見下ろせば、「塗り残し」に目をつぶると、紙の半分が赤、半分が白に見えるでしょう。

こうして、二次元では別物だった図形が、三次元に移ると同類になります。平面図形を眺めただけでは見えない対称性が、三次元では現れました。クーロンの法則も似ていて、四次元世界に移ると、完全な対称性が改めて顔を出します。くわしい説明は省きますが、「四次元世界でも全方向に対称的な力」だとわかるのです。

隠れた四次元の対称性は、暮らしに何か影響するわけではありません。ただし、大学化学の初歩を学んだ人なら気づきそうな話はあります。原子核のまわりにできる電子軌道の形です。宇宙全体で（ダークマターを除き）最大量を占める水素原子[3]は、電子を一個しかもちません。電子が二個以上の原子（水素原子以外）では、電子が核と働き合うときの超球対称性が、周期表の姿を決め、したがって化学全体を（ひいては生物世界も人間社会も）決めるのです。その先は省きますが、覚えておけば何かに役立つかもしれません。

実のところクーロン力の超球対称性は、元素の「周期律」にも関係します。周期律とは、元素を原子番号＝陽子数＝電子数の順に並べたとき、性質の似た元素がくり返し現れることでした。ケイ素（14番）は八個前の炭素（6番）に似ていて、塩素（17番）も八個前のフッ素（9番）に似ている……というふうに。つまり周期律も周期表も、化学も生物学も、ひいては社会学まで、すべてがクーロン力の対称性と、原子の「電子配置」から生まれたと思って差し支えありません。

＊　＊　＊

ここからは、クーロン相互作用（クーロン力）と、粒子の働き合いを助けるほかの相互作用を掘り下げ、そうした相互作用が**手抜き**と**アナーキー**からどんなふうに生まれたかを考えましょう。

出発点は、3章のシュレーディンガー方程式です。量子力学のコアは、物質がもつ「粒子と波の二面性」でした。本章の話は「波の解釈」にからみます。解釈のひとつを、ドイツの物理学者マックス・ボルンが発表しました（1882～1970。一九五四年ノーベル物理学賞。なお歌手のオリビア・ニュートン＝ジョンはボルンの孫娘）。

ボルンは波を、「振幅の二乗が、波の位置に粒子が見つかる確率」と考えます。それを心に、読者の居場所から地平線の果てまで続く、振幅（ピークの高さ）が均一、波長（山と山の間隔）が一定の波を思い浮かべましょう。波の全体を進行方向にごく少しだけ動かし、山（ピーク）や谷の位置（位相）がずれるさまをご想像ください。じつは位相が少しずれても、ある場所に粒子が見つかる確率は変わらず、目に見える変化はないのです。[4] そのことを、観測結果が「大域的な（グローバル）ゲージ変換をしても変わらない（ゲージ不変性をもつ）」と表現します。

ゲージ不変性について少し補足しましょう。波の進行方向にゲージ（物差し）を置き、ある山の位置を測る。波が少し動いたとき、その向きにゲージを少しずらせば、山は前と同じ位置に観測される……というようなことです。

以上は「あたりまえの話」でした（真実はたいてい「あたりまえ」ですが）。けれど、いま私たちが覗こうとしているのは、現代物理の最前線にある課題、「粒子の働き合いにからむゲージ理論」の世界。「あたりまえ」があたりまえでなくなって、目覚ましい話につながる話なのです。

3章の一部を振り返りましょう。粒子の運動を表す場合、動く経路に沿う「作用」を書き下したあと、作用の最小化処理をしたものが運動方程式なのでした（そんな意味のことを書いたつもり）。最小作用の経路は、「お隣」と打消し合わずに残る経路、つまり粒子が現実にたどる経路でしたね。

そのあと、ニュートンの微分方程式を紹介しました。粒子がたどる無限小の段階ごとに、進むべき道を粒子に教えるのが微分方程式でした。

同じことは、電子のようなおなじみの粒子ばかりか、ふつうはピンとこない電磁波の粒子（光子＝フォトン）にも成り立ちます。万物は粒子と波の二面性をもつわけだから当然でしょう。電磁波は電磁気と密接にからむため、最小作用の原理は電磁気にも当てはまることになります。

電磁気の場合、作用を数式表現したあと最小化させれば、ニュートンの運動方程式に相当する方程式が出てくるのですが、今度の対象は粒子でも物体でもなく「電磁場」です。出てくる方程式群を「マクスウェル方程式」とよびます。それを一八六一年に発表したのが、惜しくも四十代で世を去る英国の巨星、ジェームズ・クラーク・マクスウェル（１８３１〜７９）。マクスウェル方程式は、電磁気学の先駆者マイケル・ファラデー（１７９１〜１８６７）がロンドンの王立協会で積み重ねた実験の結果を数式にまとめたものだといえます。

マクスウェル方程式は、からみ合う電気（正方形）と磁気（正六角形）を電磁気（立方体）に統合しました。その統合を思い浮かべるためのカギが、特殊相対論（次章）です。特殊相対論によれば、ものの動きは、空間と見えたものを時間に変え、時間と見えたものを空間に変える。動きが速いほど、空間と時間はよく混じり合う（正方形と見えたものが正六角形の姿になっていく。逆も同様）ことになります。

マクスウェル方程式は、電気と磁気を統合させたものだから、マクスウェル方程式の根元をたどれば、電磁気の法則の源に近づくでしょう。

＊　＊　＊

イタリアの数学者ジョセフ＝ルイ・ラグランジュ（1736〜1813）は、一八世紀の後半に活躍しました。故国での本名はジュゼッペ・ロドヴィコ・ラグランジアですが、パリ滞在を続けるうちにフランス語形で「ラグランジュ」とよばれ、現在に至ります。彼の提案した「ニュートン力学の洗練バージョン」は、いまの話題にぴったりです。ラグランジュがやった「洗練」は、「やや不自然な当て推量」と形容してもよさそうでした。

深入りはしませんが、まずは「ラグランジアン（ラグランジュ関数）」という名の関数（大ざっぱには、運動エネルギーから位置エネルギーを引いたもの）があるとお考えください。ラグランジアンを「作用」の評価に使い、二点間の作用を最小化すれば、確かな運動方程式（ファラデーの結果をもとにマクスウェルが得た方程式群）が出てくるのです。最小化をした結果が、わかっている運動法則に合わないなら、仮定したラグランジアンは捨て、また別のラグランジアンを試す……というふうに、マクスウェル方程式と一致するまで続けます。

いま書いた「ラグランジアン→作用→最小化→マクスウェル方程式→ファラデーの実験結果」の

流れは、ラグランジアンで表した波が、電磁場と密接な関係をもつときにだけ完結します。そこがポイント。私たちは波を経路の前か後へ勝手にずらせる（波のゲージを変えられる）のですが、ずらしても物理的現実は同じだから、ラグランジアンは変われない。変われたら、運動方程式もマクスウェル方程式も観測結果と合わなくなってしまうからです。つまりラグランジアンは、大域的ゲージ不変性をもたなければいけない。

ここでネーターとラグランジュを結婚させましょう。ネーターは、対称性があれば何か保存量があると見抜きました（2章）。大域的ゲージ不変性は対称性の一種なので、ゲージ不変性に伴う保存量が何かあるはず。調べてみると、保存されるのは電荷だとわかります。だから電荷は、生成も消滅もしないのですね。

少しこまかく眺めます。波が占めている領域に、波を自由に通す小さな立方体が固定されているとしましょう。波の位置を少しずらせば（空間全体で大域的ゲージを動かせば）、ある面で波の一部が立方体に侵入し、向かい側の面で一部が立方体を出ていきます。考えている領域で（空間全体でも）、「入る波」と「出る波」に差があれば、立方体の中で振幅の増減が起こらなければいけない。つまり、ある領域に電荷が出入りする速さは、領域内で進む電荷の生成か消滅の速さ（いい換えると「電流の大きさ」）に等しい（連続性の原理）。だから電荷は保存されるのです[5]。

話の先を、あと二段だけ昇ります。まず、宇宙の誕生にあたって**わずかなこと**しか起こらなかったとすれば、やがて電磁気を生む原初の波は、位相（ひらたくいえば、山か谷か）がひとつに決まっていなかったでしょう。すると、電磁気現象を表す方程式に、特別なゲージは必要ありません。いい換えると、造物主が**手抜き**した結果、電磁気の方程式は大域的ゲージ不変性をもち、電荷が保存されることになるわけです。

二段目に昇りましょう。造物主の**手抜き**で電荷が保存されたなら、そして以後の宇宙が「もらったもの」だけで営みを続け、将来もそうだとすれば、自然な問いが二つ浮かびます。①宇宙にはどれだけの電荷があり、②電荷は**虚無**からどう生まれたのか、です。

①は単純明快、正味の電荷はゼロでしょう。正電荷（宇宙全体にある原子核）も負電荷（原子核を囲む電子）も膨大ですが、両者はぴったり打消し合う。そうでなければ大問題です。クーロン力は重力より桁ちがいに強いため、正負の電荷にほんの少しでも過不足があれば、同種電荷の反発が誕生直後の宇宙を吹き飛ばしたはず（弱い重力だけでは粒子の群れをまとめきれない）。だから正負の電荷は同量ずつあるのです。

母なる**虚無**は電荷ゼロでした。いまある電荷は「つくられた」というより、宇宙誕生の瞬間、**虚無**が逆符号の電荷に「分かれた」だけではないでしょうか。

電荷の「分割」がどう進んだのかは誰も知りませんが、正負それぞれの電荷がつくられたのではなく、**虚無**が逆符号の電荷に分かれたとみるほうが自然でしょう（②の答え）。個別の凹と凸ではなく、「凹凸セット」のほうがつくりやすい。**虚無**が正負の電荷に分かれたしくみの解明は先のことだとしても、たぶん「分かれた」のだろうと私は想像しています。

＊　＊　＊

もうひとつ大事なポイントがあります。波の全体を一気にずらす大域的（グローバル）ゲージ変換ではなく、局所的（ローカル）ゲージ変換を考えましょう。波の進行方向に沿う点それぞれで「ずらし」がちがうケースです。たとえば、A点でピークを少し前進させ、B点では前進をわずかに増やし、C点では少し後退させる……というふうに。波全体が一様に変わるのではなく、局所的に伸縮やゆがみが起こるさまをご想像ください。

変形したあとの波が変形前と「同じ物理的現実」を表すなら、シュレーディンガー方程式も同じ姿でなければいけない。けれど、「ずらし」を含めた波動関数をシュレーディンガー方程式に代入しただけだと、余計な項が現れて、方程式の形が変わってしまう。ただし、エネルギーの項をうまくまとめる手入れをすると、「余計な項」が消えた姿に変えられる。要するに、波の変形がエネルギーを最初の値から変えるとしても、新しいエネルギー項がそのエネルギー変化を相殺するため、方程式の解が「現実の状態」を表すとみてよいのです（くわしくは注記6参照）。

そのときシュレーディンガー方程式を解いてみれば、波動関数に施した手入れが、電磁場の働きを表すとわかります。つまり、シュレーディンガー方程式が局所的ゲージ不変性をもつ（波をローカルに変化させても自然を正しく表す）には、電磁気の存在と、電磁気を表すマクスウェル方程式の存在が欠かせない。だから電磁気も電磁気の法則も、対称性（局所的ゲージ不変性）が生んだことになるのです。

宇宙とともに多彩な物理法則も生まれたことと、いまの話がどうつながるか、うすうす感じていただけるでしょう。宇宙誕生のとき**わずかなこと**しか起こらなかったとすれば（「何も起こらなかった」といいたい気分ですが、そういい切っていいのかどうか確信はもてないので）、「存在」となった宇宙の中で、**虚無**の均質性はそのままでした。ただし、**虚無**がそのまま均質な時空になったというより、時空に備わった局所的ゲージ不変性の働きで、均質な時空ができたとみるのがよさそうです。

そんな**手抜き**が電磁気の世界を生みました。電磁気の世界は、ファラデーが王立協会の地下実験室で見つけたものと、マクスウェルが数式化した光の電磁波説、電磁波に深くかかわる光学の法則にとどまりません。通信や計算、移動、産業、商業、娯楽、暮らし全般まで、文明生活のほとんどが電磁気の恵みなのです。**手抜き**の恐るべきパワーに思いをはせましょう。

＊　＊　＊

復習も兼ね、電磁気力を含めた**四つの力**をざっと眺めます。電荷は電気力で働き合い、動く電荷は磁力を生む。マクスウェルが「電磁気力」に統合した電気力も磁力も、局所的ゲージ不変性から現れるのでした。電磁気力よりはるかに弱く、不安定な核の陽子や中性子を変身させ（放射壊変を促し）、余分なエネルギーや粒子（放射線）の放出を促すのが、二つ目の「弱い力」でしたね。なんとも味気ない名前の力ですが、ある意味、電磁気力の親戚のようなものだといえます。

第三の「強い力」は、これも味気ない名前ですが、核子（陽子、中性子）どうしを結びつけ、陽子─陽子の電気的反発を抑えて核を安定に保ちます。核が大きすぎると（原子番号ほぼ90以上）、陽子─陽子の反発を抑えきれなくなり、そのとき出番のきた弱い力が働いて、安定な核に変わっていくのです。

安定な核は、陽子と同数の電子をつかまえて、電荷ゼロの原子になります。つかまった電子のうち、核から遠いものは束縛が弱いため、外からの働きかけがあれば飛び出せる。その現象が化学の世界を生み、化学から生物学を、生物学から動物学を、動物学から社会学を、社会学から文明までを生んできました。

最後の重力は、いちばんなじみ深くても、四つのうちでいちばん謎めいた力です。弱いながらも宇宙全体ですべての粒子に働くため、銀河や星々、太陽系、惑星、生命を生み、最終産物が人間の暮らしや文明だといえましょうか。

多彩なモノと現実世界を、そして複雑なからみ合いの全部を、四つの力（プラス未知の力？）が生み出しました。根元は局所的ゲージ不変性で、さらにたどれば造物主の**手抜き**に行き着く……と私はみるのですが、まだ全貌が明るみに出た段階ではなく、いくつか難点も残っています。

難点のひとつ、電磁気を生む局所的ゲージ不変性の素顔はほぼわかりました。大まかにいうと、波をつかまえて局所的に位相をずらしても何ひとつ起こらない……というイメージです。位相のずらしは専門用語で「アーベル型」ゲージ変換の一種とみます。アーベルとは、ノルウェーの数学者ニールス・アーベル（1802~29。結核で早逝（そうせい）のこと。業績のひとつに、操作を逆順にしても同じ結果になる対称変換（右回転→鏡映→左回転など）の解析があります。

かたや、弱い力と強い力が局所的ゲージ不変性から生まれることの証明にからむ波の「位相のずらし」は、非アーベル型の対称変換といいます。つまり、場所ごとにちがう「ずらし」を起こすための変換は、対称操作を行う順序で変わり、扱いがぐっと面倒になる。むろん、登る山が高いほど成果もすばらしいのは世の常ですね。電磁気力と弱い力は、どちらも**手抜き**から生まれます（統一理論では電磁気力と弱い力をまとめて「電弱力」とよぶ）。それに必要な非アーベル型局所的ゲージ不変性を解明したスティーブン・ワインバーグ（1933年生）とアブドゥス・サラム（1926~96）がノーベル物理学賞（一九七九年）を得たのも、当然のことでしょう。

重力の根元もゲージ不変性なのかどうかは、まだわかっていません。白黒がつくまでは、共鳴する物理学者も多い私の「**手抜き**原因説」も、命脈を保ちそうな気がしています。

＊　＊　＊

本章を振り返りましょう。まずは、電気力と磁力を少し離れて（次元を上げて）眺めると、同じ電磁気力の表れにすぎないことがわかりました。また、空間の対称性に注目すれば、電気と磁気の多彩な性質はみな、波の位相をずらしても変わらない状況、つまり宇宙の「ゲージ不変性」から生まれたとわかります。何もない空間は見た目よりずっと繊細で、母なる**虚無**から受け継いだ均質性が、粒子の結合・破壊に通じる力を生み、私たちが住む世界の万物と巧妙なしくみをつくり上げたわけですね。

8章　尺には尺を――物理定数の意外な素顔

物理法則の働きには、基礎物理定数とよぶ量が深くからみます。定数の例として、真空中の光速 c（2.998×10^{8} メートル／秒）やプランク定数 h（6.626×10^{-34} ジュール・秒）、ボルツマン定数 k（1.381×10^{-23} ジュール／ケルビン）、電気素量 e（1.602×10^{-19} クーロン）などはご存じの読者も多いでしょう。質量や電荷などの変数（パラメータ）を与えたとき、法則に従って起こる変化の大きさを、物理定数の値が決めるのですね。

特殊相対論の法則は、動きが速いほど空間と時間の混じり合いが強いことを意味し、ある速さでどれほど混じり合うかを、光速 c の値が決めます。電磁気の法則なら、ある強さの電場をかけた荷電粒子のルートがどれほど曲がるかを、電気素量の値が決める。振り子のような振動子（しんどうし）は、量子力学の法則で飛び飛びのエネルギーしかとれませんが、「飛び」の大きさをプランク定数が決める。プランク定数がゼロなら飛びはなく、エネルギーは連続的に変わります。プランク定数はたいへん小さいため（10^{-34} に注目！）、身近な振り子やバネなら飛びは観測できないものの、とにかく「飛び」はあるのです。

物理定数は私たちにとって「たまたま幸いな値」だったといえます。どれかの値がほんの少し変わるだけで、生命も意識も、いまの世界も生まれなかったわけですから。星は生まれなかったか、生まれてもすぐに燃え尽き、生命を生む時間などなかったでしょう。

物理定数には二種類ある、と私はみています。実在しない定数（幽霊定数）と、本物の実在定数です。実在定数に比べ、幽霊定数の説明はむずかしくありません。知の歴史が進むうち人間が勝手に決めたもので（長さのメートル、時間の秒など）、実用の役には立っても、意味はほとんどないものですね。

かたや実在定数は真の定数で、そのうち、ものが相互作用する（働き合う）強さを表す定数が「結合定数」です。相互作用の強さには、電荷どうしに働く力の強さ、電荷と電磁場が働き合う強さ、素粒子を原子核（核）にまとめ上げる核力の強さなどがあります。万有引力定数 G（6.673×10^{-11}ジュール・メートル／平方キログラム）も実在定数で、質量どうしが引き合う強さを決め、恒星のまわりを公転する惑星の軌道を定め、銀河の形成にも働き、むろんリンゴが落ちるときの加速度も決めています。

基礎物理定数は単位を使って、光速なら毎秒何メートルと書きますが、光速は幽霊定数のひとつだから、本来は単位などない「ただの数」でよろしい。あっさりいえば、幽霊定数はみな1と書くのがいいのです（「$c=2.998\times10^8$メートル／秒」ではなく、$c=1$）。また、あとで説明しますが、電磁気力の強さは、電気素量e（1.602×10^{-19}クーロン）ではなく、$\frac{1}{137}$というただの数を使って表すほうが、わかりやすくなります。

光速cやプランク定数hの（スカッとした）1にひきかえ、電磁気力の強さが「$\frac{1}{137}$」という妙な数になる理由は、まだわかっていません。私だけでなく、ほかの人たちもそう。私たちの存在も思考も電磁気力のおかげだから、少々もどかしい思いがします。とはいえ、かりにその値が$\frac{1}{136}$や$\frac{1}{138}$だったなら、生命が生まれていないのは確実なのですよ。

本章では以上のようなことをご説明します。物理定数を二つに分類する根拠もおわかりいただけるでしょう。基礎物理定数の全部を扱う余裕はありません（重要な定数は一〇個ほど。ほかに、二次的ながら大事な定数がいくつか）。ほんとうに大事だと思う数個について、根源を探ってみたいと思います。

＊　＊　＊

何はさておき、光速c（ラテン語の　速さ＝*celeritas* 由来）を考えます。実在定数ではないけれど、森羅万象が起こる時空そのものの構造にからむため、cほど大事な定数はないと思うからです。光速cには、「光が真空中を進む速さ」以上の意味があります。アイザック・ニュートン

（1642〜1727）も、知の開拓と抑圧の両方をしたルネ・デカルト（1596〜1650）も、古代ギリシャの大物アリストテレス（紀元前 384〜322）も、いまの私たち自身も、まわりにあるのは三次元空間だと感じた（感じる）けれど、ふつうはそこでおしまいですね。

その感覚をアルベルト・アインシュタイン（1879〜1955）がぶち壊しました。一九〇五年（奇跡の年）に発表した特殊相対論と、以後の一般相対論で、空間と時間が別物ではなく、「時空」の成分にすぎないことを証明したのです。「あたりまえ」が通用しないとわかって、人々をなんとなく落ち着かない気分にさせました。読者が静止し、隣人が（散歩やドライブで）動いていれば、二人が感じる時空のうち、空間と時間の割合がちがうというのですから。

読者も私も静止しているなら、二人とも同じ時間と空間を感じます。けれど読者が動いていれば、時間が空間に入りこみ、空間が時間に入りこむ。読者が私（観察者）に対して速く動くほど、空間と時間の混じり合いが増す。お互いの速さがちがえば、読者の空間は私の空間ではないし、読者の時間も私の時間ではありません。ただしその差がくっきり観測できるのは、速さの差が大きく、光速に近づいたときだけ。そうでないと科学や社会の営みも不可能だから、まあ幸いなことでした。けれど、速さの差がいくら小さくても、個人個人の時空には、互いの相対運動に応じた差があるのです。

光速 c の役割に戻りましょう。情報の伝達速度に限界があるのは、どんな動きも c を超せないからだと説明されます。では、なぜcが上限になるのでしょう？　粘っこい油の中で球の落下速度がやがて一定になるのと同じく、光が「抵抗」を受ける結果、c以上の速さで進めない？　いいえ。もっと奥の深い（その分だけ単純な）理由があります。

光速cは、読者が時間だと感じるものを、「空間だと感じきる」ときの速さです。空間だと感じたら話は終わり。空間にひそむ「抵抗」のようなものが決めた値ではありません。速さの上限（光速）は、私たちが空間と時間を知覚するしくみの本質だと考えましょう。

光速cの値（秒速二億九九七九万二四五八メートル）は、長さをメートルで測る人間が勝手に決めたものです。メートルの提案はいろいろありました（フランス革命開始の熱気が残る一七九〇年、政体を含めて万事を合理化しようとした営みの一環）。まず、北極点から赤道まで延びる子午線の一千万分の一が提案されます。その子午線は外交的に、新興共和国二つの首都（パリとワシントンDC）の中間とされました。出発点（北極点）も終点（赤道）も海上だから、合理的とはいえません。やがて米国への配慮をやめたフランスが、パリを通る子午線を選んで、メートル原器の誕生です（各国にはレプリカを配布）。

けれど地球はいつも変形を続け、「標準の長さ」が一定ではない（「一メートル」も変動する）とわかり、つい最近までの定義「光が一秒間に真空中を進む距離の二億九九七九万二四五八分の一」に変わりました。すると長さは、「時間」を単位に表せますね。一・七メートルの身長は、

「二億九九七九万二四五八分の一・七秒」つまり「五・七ナノ秒」と書ける（ナノは十億分の一）。同じ尺度で、光が一秒間に進む距離は、「二億九九七九万二四五八分の二億九九七九万二四五八」秒だから、「一秒」にほかなりません。

そのとき光速 c はどうなります？　一秒間に「一秒」だけ進むため、割り算して「1」ですね。単位のない、ただの1。読者が時速一〇〇キロ（秒速二八メートル）でドライブ中なら、速さは0・000000093という数になります。それほどノロノロなら相対論の効果は無視できて、読者の空間が時間に混じってくることはないと確信してよく、ほぼ完璧な精度で、二つの出来事が「同時に起こった」といえるわけです。

これで $c=1$ を受け入れていただけますか？　値が莫大な「秒速何メートル」で表す光速は、歴史の偶然にすぎません。距離と時間は歴史上、さまざまな単位で表現されてきました。けれどいまのように測ると、c は消えてしまいます。以下、メートル単位の長さ L を新方式（無次元数）で表す際は、右肩にダガー（剣）†をつけ（剣で L を刺し殺す気分）、$L^{\dagger}$ と書きましょう。そのとき、どんな長さも単位を失い、ただの数になります。

＊　＊　＊

次に、光速 c と並ぶ大物のプランク定数 h を考えましょう。c は相対論を、h は量子力学を、それぞれ科学の世界に引き入れました。cは、相対論の数式にしじゅう登場します。量子力学の理論式によく登場するhも、やはり「消す」べきなのでしょうか?

ドイツの物理学者マックス・プランク(1858~1947)は、絶望に駆られて(自身の回想)量子力学の基礎を据えました。古典物理学が破綻(はたん)したせいでの絶望です。高温物体が出す光を古典物理学で扱うと、どんな温度でも白熱することになってしまい、世界に闇など存在できない。弱り果てたプランクは一九〇〇年ごろ、ある振動数で震えるもの(振動子(しんどうし))は、エネルギーを一定量(量子)単位でしかやりとりできず、量子の大きさは振動数に比例する、と思いつきます。振動数が低いとエネルギー量子は小さく、高いとエネルギー量子は大きい。古典力学なら振動子は、どれほど小さい値のエネルギーでも(連続的に)やりとりできるはずでした。

プランクの仮説でエネルギーは「量子化」され、量子単位でやりとりされる。そのことを、古典物理学になじんだプランク自身は受け入れたくなかったようですが(アインシュタインも同類)、ともかくそう考えれば、ある温度で物体の出す光の色を完全に説明できたのです。太陽の表面温度が五七七二K、ビッグバンから一三八億年のうちに冷えた宇宙の温度が二・七K……という事実も、量子論からわかりました。

エネルギーはジュール(J)単位で表します。大きさの感覚をいうと、たとえば心臓は一拍に約一ジュールを使い、スマホが一秒間に使うエネルギーも約一ジュールで、スマホの電池が蓄えているエネルギーは約五〇キロジュール＝五万ジュール。ジュールの使用は最近のことで、以前はカロリーやエルグ、英国熱量単位（BTU）などを使い、熱力学などが芽吹いた一九世紀には、もっぱら熱をカロリー単位、仕事をエルグ単位で表しました。

つぎのアナロジーが、要点のひとつになります。かつて蒸気機関の効率を決めるのに、供給する熱量（カロリー）と出力仕事（エルグ）の関係が関心を集めました。そこで「熱の仕事当量」を決める念入りな実験が行われます。そのころ「熱の仕事当量」は、エネルギーを換算する基本定数のように思われていました。けれど当時の実験は、知の進歩に役立ったとはいえ、時間の浪費だったといえます。熱も仕事も同じ単位（カロリーかエルグ）で測っていたら、変換係数は1でした。熱も仕事もジュール単位にする現在、むろん「熱の仕事当量」など使いません（伝統のある食品科学の分野はまだカロリーを多用）。

たぶん読者も話が見えたと思います。「幽霊定数」は、関係する量を共通の単位で測ったとき、1にしてよいのです。プランク定数hも例外ではありません。プランク定数は、振動子の振動数と、振動子がやりとりする「エネルギー量子」を結ぶ比例係数でした[1]。

話の先は自明でしょう。エネルギーは、ジュールではなく振動数（一秒間に何回）で表せます。振動数単位のエネルギーを$E^{\dagger}$と書けば、換算係数などいりません。距離は秒単位で表すため光速も不要になる結果、プランク定数は1（ただの数）になります。そうなると、カロリーやエルグと同じく、ジュールも歴史の遺物なのですね。

プランク定数が$h=1$なら、量子力学の理論がぐらつくのでは……と不安に思う読者もいるでしょう。じつは心配いらないのですが、それをご説明する前に、「歴史のゴミ箱」内に散らばるガラクタを少し片づけておきます。

関連の話をひとつ。アインシュタインの式$E=mc^2$に先ほどのような手入れをすると、Eもmも振動数単位で表せるから、$E^{\dagger}=m^{\dagger}$になりますね。形を常用の$E^{\dagger}=m^{\dagger}c^2$と書いてもいいのですが、そのときは$c=1$を思い出してください。実質的な$E^{\dagger}=m^{\dagger}$が、エネルギーと質量の等価性を語るわけです。

* * *

いま米国とミャンマー、リベリアの三国を除く世界各国では、質量の単位にキログラムを（場合に応じてグラム、トン＝一〇〇〇キログラムも）使います。キログラムは一七九〇年代、水一リットルの質量と決めました。白金・イリジウム合金でつくった円柱形の国際キログラム原器が、パリ郊外セーブルの国際度量衡(どりょうこう)局に置かれ、レプリカが各国に配られました。むろんキログラム原器も完璧に安定ではなく、表面の原子が蒸発し、空気の分子が侵入し、扱う際に傷つく結果、「一キログラム」ではなくなっていきます。

そこで、プランク定数をもとにしたキログラムの定義が提案されました。プランク定数は（たぶん）不滅の値だから、古今東西、基礎物理定数表が読める人なら、「一キログラム」の意味は正確につかめますね。さて、そのことは、いままでの話とどうからみ合うのでしょうか？

質量mの単位をキログラムにしたのは、常識的だとはいえミスだった……という見かたもありえます。キログラムではなく秒（正しくは毎秒の回数＝振動数）を使い、質量をただのmではなく$m^{\dagger} = mc^2/h$とみて、振動数単位で表す手もありました。そのとき一キログラムは「毎秒1.4×10^{50}回」です。成人の体重七〇キログラムなら、キログラム単位の質量にまずc^2をかけ、ジュール単位のエネルギーに変えたあと（$mc^2 = E$）、さらにプランク定数hを使って振動数に直せば、「毎秒9.5×10^{51}回」になります。

「毎秒の回数」は書くのも読むのも面倒なため、ふつうは一語で「ヘルツ（Hz）」とします。早逝した無線通信の先駆者ハインリッヒ・ヘルツ（1857〜94）にちなむ単位で、「毎秒一回」が一ヘルツ。体重七〇キログラムは、c^2をかけたあとhで割った答えの9.5×10^{51} Hzです。質量のバカげた表記に見えますが、そこが論点ではありません。キログラムという単位は、日常生活なら大いに役立ちます。けれど私がしようとしているのは、物理量を表すいちばん首尾一貫したやりかたに迫ること。伝統的な単位群の喉元（のどもと）に、「活字の剣」を突きつけたいのです。

*　*　*

いまや読者も、$h=1$が「大変革」ではないとおわかりでしょう。量子力学に変更を迫るわけでもありません。実際、$h=1$としたシュレーディンガー方程式（3章）は、記号の解釈を別にすれば、何も変わらないのです（巻末の注記2）。この機会を使い、hを手がかりに、シュレーディンガー方程式の根元を眺めておきましょう。現実の建物と似て科学でも、根元（基礎）は上物（うわもの）より単純なので、つかみやすいと思います。

読者が通勤者（コミューター）なら、話はわかりやすいはず。コミューターという語は、往復切符一枚を片道切符二枚より安く売る習慣からきました（語源 *commutare* は「変える」の意味）。とりあえず、割引くのは「帰りの運賃」だと思ってください。量子力学と古典力学のちがいは、それに近いものです。

行きの運賃は「運動量×位置」、帰りの運賃は「位置×運動量」とします。かけ算の順序がちがうところに注意しましょう。量子力学では、行きと帰りで運賃（かけ算の結果）に差があり、その差を、位置と運動量の「交換子（コミューテイター）」とよびます。

鉄道会社なら、往復運賃は役員会が勝手に決めてよろしい。けれど自然は特別な「往復運賃」を設定し、「往復割引」分を、プランク定数h（に小さい数をかけたもの）と決めました[3]。行き（運動量×位置）の運賃から帰り（位置×運動量）の運賃を引いた値が、hに比例するのです。量子力学と古典力学の差は「往復運賃」が生み、差の具体的な大きさは、自然を仕切る役員会がプランク定数hにかけた係数で決まります。

従来の単位系でhはものすごく小さな値だから、古典力学の役員会は、差額が業務を面倒にしないよう、往復割引を設定しませんでした。数兆円から一円を引くレベルなので、当然ですね。理にかなうその決定が、古典力学を生むと考えましょう。

理にはかなっても、うるさくいうと正しくはありません。自然界には厳然として往復割引がありますす。物質と放射をことごとく説明する量子力学の世界では、運動量も位置（空間の広がり）もうんと小さいため、古典力学とちがって、わずかな往復割引が大きな差になるのです。

ニュートンも、彼の同時代人も後継者たちも、往復割引（正しくは「位置と運動量の交換関係」）など念頭になく、その不手際に気づかないまま、古典力学の壮麗な理論体系をつくりました。それをもとに、小さな割引がまず影響しない惑星の公転など、天界の理解がどんどん進みます。

やがて科学者が分け入る原子の世界では、相変わらず小さい往復割引が、じつは途方もなく影響するとわかったのです。二〇〇円の運賃を一〇〇円に下げるようなものですから、とうてい無視はできません。

では、プランク定数hを従来の10^{-34}台から（ただの数）1に変えたとき、マクロ物体ならまだ古典力学でよいのでしょうか？　マクロ世界の位置や運動量は、メートルやキログラムや秒を単位にすると手ごろな大きさなのですが、位置を秒単位、質量をヘルツ（振動数）単位、速さを「ただの数」にする新方式で表せば、莫大な値になります。そのため身近な物体だと、新しい単位系で位置と運動量の積は、1より何十桁も大きい値になってしまうのです。[4]

従来の方式だと、位置も運動量も五感でわかる値になり、hはものすごく小さい。新方式なら、hの値1はスッとわかる半面、位置も運動量も桁ちがいに大きい。そのため、「値引き分（h）が「運賃」より何十桁も小さい」状況は、どちらの方式でも変わりません。だから日常生活で量子力学を使う必要はないのですね。

いまの話は、ハイゼンベルクの不確定性原理（一九二七年）に深くからみます。位置と運動量の交換不能性（往復割引）から、不確定性原理が出てくるのです。言葉では、「位置と運動量の両方を同時に、無限の精度で決めるのは不可能」と書けます。

古典力学にどっぷり浸った人々（ボーア、アインシュタインほか）の心を騒がせた量子力学は、考えている系の状態を特定したいとき、位置か運動量の「どちらか」で記述するよう命じます。どちらでも、位置（か運動量）は正確に決まる。ただし「両方」は使えない。古典物理学になじんだ人が、位置と運動量の両方で系を完全に表したいと願っても、不確定性原理がその願いを打ち砕くのですね。

位置か運動量のどちらかなら、量子力学で自然界を「完全には記述できない」と思う人もいるでしょう。けれどその「完全さ」は、「度の過ぎた完全さ」なのです。位置と運動量を同時に扱うのは、英語で書き始めた文章をイタリア語で終えるようなもの。どちらかの言語を選ばないと、相手（いまの場合は宇宙）にメッセージは正しく伝わりません。マクロ世界なら許される「位置と運動量の両立」を許さず、英語とイタリア語のどちらか一方にせよと命じるのが量子力学です。不確定性原理こそが宇宙の記述を単純化する……と考えておきましょう（日常的な意味の単純化でもありませんが）。

＊　＊　＊

こうして、相対論ブランコと量子力学ブランコの吊り金具だった光速 c とプランク定数 h が「処分」できました。処分場に行く物理定数は、ほかにもあるのでしょうか？　熱力学ブランコの吊り金具から選ぶとすれば、ボルツマン定数 k です。k はボルツマン分布の式（5章）や、ボルツマンの墓石に彫られたエントロピーの定義式にも含まれるほか、アボガドロ定数をかけた気体定数 R の姿で、熱力学の話に頻出します。それほどに大事な k も、c や h と同じ理由で不要なのです。

失敗の元は（むろん実用には役立った）セルシウスとファーレンハイトの提案にあり、ケルビン卿の（見た目は自然な）絶対温度が状況を悪化させました。三つの尺度はみな、実用の誘惑に駆られたものだということを、まずご確認ください。

いまの尺度は三つとも、熱いほど高温ですね。セルシウスは当初、逆に熱いほど低温にしていました（4章）。ひょっとすると彼は、無意識のうちに正しいやりかたをしたのかもしれません。いずれ説明するとおり熱力学の話では、「熱いほど低い」感覚が自然ですから。

温度の表記に新しい単位（°F、°C、K）を使うのも失敗でした。長さの単位に（秒ではなく）メートルを使い、無用な混乱を生んだのと同じ事情です。先述のように、長さを秒単位で表していたら、光速cを基礎物理定数にする必要もありませんでした。それと同じく、温度をエネルギーと同じ単位にしていたら、ボルツマン定数kもわざわざ考える必要がなかったのです。

少し先を急ぎました。ボルツマン定数kの単位「ジュール／ケルビン」は、単位のケルビンとジュールの相互換算ですね。温度をジュール単位で表せれば、ケルビンへの換算は必要ありません。さらに、ケルビン単位の温度とジュール単位の温度が比例するなら、変換は明確です。換算の結果、日ごろ使う温度が途方もない数値になるかもしれませんが、数値の大小は、科学的な適切・不適切の基準ではありません。ちなみに温度をジュール単位で測ると、快適な二〇℃（二九三K）は四・〇ゼプトジュール（ゼプト＝10^{-21}）、水の沸点は五・二ゼプトジュールになります。

温度をジュール単位にすれば、温度の刻みもそれに合わせ、一℃の間隔は〇・〇一三八ゼプトジュールです。以上のことを受け入れたらボルツマン定数は、いつも$k=1$としてかまいません。光速cもプランク定数hも1でしたね。要するにボルツマン定数は、温度の単位を「暮らしに合わせた」ので生まれてしまった定数、余計な物理定数だったのです。[5]

先ほど、セルシウス自身の提案、つまり「熱いほど低い」温度のほうが適切だと書きました。少し補足しましょう。熱力学のうち、分子のふるまいをもとにマクロ物質の性質を考える「統計熱力学」では、絶対温度Tの逆数$1/T$を使った式によく出合います。Tが小さい低温ほど、$1/T$の値は大きくなりますね（セルシウス温度はただの「上下反転」でしたが、高低が逆になる点は共通）。エネルギー単位にした身近な温度Tはゼプトジュール台だから（先述）、$1/T$は「毎ゼプトジュール」単位になって、水の沸点が〇・一九毎ゼプトジュール、それより「高い」融点が〇・二七毎ゼプトジュールです。

以下、Tの代わりに$1/T$を（毎ゼプトジュール単位の）「温度」とみて、文字Ŧで表しましょう。数式は巻末の注記に閉じこめるのが本書の方針なので（いまの話は注記6）、Tの代わりにŦを使うと統計熱力学の式が単純になる……と書いたとき、私の言葉を信じていただくしかありません。とにかく、TからŦへの変更は、見た目以上に意味が大きいのです。

たぶんご存じのとおり、絶対零度には到達できません。「有限のステップでは」を加えてその「到達不能性」を表したのが、熱力学第三法則でした（5章）。$T=0$はケルビン温度の原点だから、「有限のステップで$T=0$に到達できない」は、なんだか妙な感じがしませんか？　けれど$T=0$はŦ$=\infty$に相当し、Ŧに注目すれば「有限のステップで無限大には到達できない」ことになります。そのほうが心にストンと落ちやすいのでは？

話が単純になる例は、ほかにもあります。負の絶対温度（たとえばマイナス一〇〇K）は、ふつうの熱力学だと（「マイナス一〇メートル」に似て）無意味でも、統計熱力学の式をいじって、絶対温度が負や「負の無限大」になったら量（エントロピーなど）がどう変わるかをみるのは、よくあることです。たとえば注記6にあげた式のどれかについて、温度Tが負ならどうなるかを考えてもよろしい。ふつうは、Tが0を切って負になるとき、量の大きさが「飛ぶ」とか無限大に発散するとか、面倒なことが起こります。

けれど、同じ量を$\not{T}$（＝$1/T$）に対してグラフ化すると、飛びも発散もなく、なめらかな線になるのです。そういう素直なグラフを生む$\not{T}$は、（Tよりも）本質を突いていそうな気がします（「気がする」程度ですが）。ただし、「十分に本質的」といっていいのかどうか、私にはまだ確信できていません。

以上から私の意図はおわかりでしょう。物理定数を秒（時間、距離）やヘルツ（エネルギー）単位で表せば、万事が単純化される。また、温度の逆数$\not{T}$はエネルギーの逆数でもあり、単位は「毎ゼプトジュール」でした。エネルギーの逆数なら、「毎秒」の逆数つまり「秒」単位でも表せて、[7]そのとき二〇℃は〇・一六ピコ秒（ピコ＝一兆分の一）、氷の融点は〇・一八ピコ秒、沸点は〇・一三ピコ秒になります。

こうして三大物理定数（相対論のc、量子論のh、熱力学のk）は、余計なものだとわかりました。そんな記号を含む式（たとえば$E=mc^2$）をあくまで使いたい人は、Eやmの単位（秒、毎秒など）を先ほどのように決め、cもhもkも（ただの数）1にしてください。そこまでに疑問の余地はありません。[8]よろしいですか？

＊　＊　＊

幽霊定数の話は切り上げ、実在の（ただし起源はまだ不明な）物理定数を眺めましょう。とり上げるのは二つです。基礎物理定数の表（パンドラの箱）には、素性不明なほかの定数もひそんでいますが、話題にする二つはどちらも、働き合いの強さを決めるものです。

まず、電磁気力の強さは電気素量eの値が決める、と前にいいました。電荷が引き合う強さや、電子が電場と働き合う強さ（電波が電子に及ぼす力）などですね。eの値は、電子と核（原子核）の引き合いもつかさどり、ひいては原子のサイズと性質、原子間結合の強さ、化合物ができるかどうかも定めます。原子・分子がもつ電子と電磁場の働き合いも決めるため、ものの色や、色の濃さ・薄さも決める。またeの値は陽子どうしの反発力も決めるので、核の安定・不安定もeの値しだいなのです。

電気素量も、人間が勝手に決めた単位を除き、ただの数とみてかまいません。人工的な単位で測ると、ある定数が大きいのか小さいのか判断できません。さて電磁気力の強さは、電気素量と別の物理定数を組合わせた「ただの数」、微細構造定数αで表せます。水素原子が出す光の説明用に提案されたもので、前にも書いたとおり$\alpha = 1/137$です。[9]

結合定数ともよぶαの小ささは、核内の強い力に比べた電磁気力の弱さを表します。αが小さいため、原子が電磁気力でつながり合ってできる分子は核よりもずっと壊れやすく、それが化学反応につながるのですね。αが1に近かったら化学反応の世界はなく、かりに「分子」ができてもサイズは核の程度（最大でも原子の一万分の一）だから、生命（化学反応の集合体）も生まれなかったでしょう。つまり宇宙に生命はありえません。

微細構造定数αが$1/137$になる理由は、さしあたり誰も知りません。宇宙誕生の瞬間は四つの力がみな同じ強さだったところ、膨張・冷却につれてそれぞれの大きさが変わり、電磁気力はたまたま$1/137$になった……とみる人はいます。いつの日か、宇宙の誕生と進化がすっかり解明できて、$1/137$も説明できるようになるのかもしれませんが。

ただし、πや$\sqrt{2}$を使う数式で説明を試みる人はいて、実験値によく合う式の提案もあります。[10]とはいえどの提案も、確かな根拠のない「当て推量」なので、「数霊術」レベルとみる研究者も少なくありません。ともあれαが「なぜ$1/137$なのか？」は、宇宙と宇宙の成分（ヒトも含む）の理解にとってたいへん大きな問いだといえます。

核内だけで働く強い力と弱い力にも、同様な結合定数があります。基本力と素粒子を総合的に解き明かす理論が、いずれ生まれると期待しましょう。

最後に、重力の強さを決める結合定数も眺めておきます。高校物理でも学ぶ万有引力定数Gを指し、引力を表す逆二乗則の中に現れるもの。[11] 重力定数も、微細構造定数αと同じような「ただの数」α_Gに変換でき、結果は$\alpha_G = 1.752 \times 10^{-45}$です。[12] 重力は電磁気力よりさらに弱いため、たいへん小さな数になるわけですね。小さいからこそ、星の誕生や銀河の形成、惑星の誕生、生命の誕生と進化には、長い長い時間がかかりました。α_Gがずっと大きな値だったら、宇宙誕生の瞬間、万物はたちまち巨大なブラックホールになったでしょう（たとえそうなったとしても、生まれなかった人類は知りようもないのですが）。

万有引力定数Gの値がなぜ先ほどの値なのかも、誰ひとり知りません。最初は大きかったものが、宇宙が冷えるにつれ（微細構造定数と比べても桁ちがいに）小さくなった……と推測する人はいます。ほかに、値はいまなお大きいけれど、その大半が六番目や七番目の次元世界に漏れ出てしまった、という解釈もあります。いずれにせよα_Gがいまの値になった理由は謎のままだから、私も知ったかぶりはしません。

＊　　＊　　＊

さて、私たちはどこまで来たのでしょう？　何か現象が起こる強さは、物理定数の大きさで決まります。大物には相対論の光速c、量子論のプランク定数h、熱力学のボルツマン定数kがあるのでした。ただしそのどれも、人間が勝手につくった単位を使う「幽霊定数」なので、共通の単位で表せば、三つともただの数にしてよいのです。教科書にある式をそのまま使いたいときも、物理量を単純な秒やヘルツ単位で表せば、以上三つは「1」にしてかまいません。

実在定数には、「結合定数」ともよばれ、電磁気力や重力などの強さを表す定数がありました。けれど当面、電磁気力の$\alpha = 1/137$や重力の$\alpha_G = 1.752 \times 10^{-45}$がなぜそんな値になるのかは、まだほとんどわかっていません。

9章　宇宙の鼓動——数学と物理法則

物理法則はたいてい数式に書きますね。数学に縁のなさそうな法則（進化論の自然選択など）も、数学で考えると見晴らしがよくなります。そのへんに心を引かれたハンガリーのユージン・ウィグナー（母語名 ウィグネル・イェネー・パール。１９０２～９５。一九六三年ノーベル物理学賞）が一九五九年、「自然科学で数学がもつ不合理なまでの効用」と題する講演をしました[1]。数学の効用は認めながらも、なぜ有効なのかは人智の及ぶところではない……というのが、彼らしい控えめな結論です。似た感性の人はいまも少なくないため、悲観論はまだしばらく続くでしょう。

その逆の楽観論もありえます。数学のパワーを当然とみて、宇宙の秘密に数学で切りこもうというわけです（私自身の姿勢も近い）。ひょっとしたら数学は、人間の言葉で私たちに語りかける宇宙そのものかもしれない……といういいかたは非科学にすぎるでしょうが、最終となる本章では、数学と物理法則＝宇宙の深い関係に分け入りましょう[2]。

物理法則を数式に書けるという事実は、ひとつの重い問いにからみそうな気がします。現実世界を織り上げる構造にからむ問いで、おそらく太古から人間の心に浮かび、いちばん答えにくくて深い問い。何かといえば、「存在はいかにして存在になったのか?」です。以下、実りある答えに少しでも迫れたらいいのですが。

＊　＊　＊

数学は、宇宙との対話を助ける言語――そこを疑う余地はありません。法則の式を使えば結果を数値で予測でき、たとえば振り子の長さから周期がわかります。天文学なら、惑星の軌道や日食・月食のほか、地球―月の最接近と満月か新月が重なってできるスーパームーン（いま書斎の窓越しに見える月がたまたまそう）などを予測できる。まず数式で予測され、のち実測で確認された事実もあって、いちばん名高いのは、アインシュタインの一般相対論の式から予測されたブラックホールでしょう〔訳注：アインシュタイン自身はブラックホールを否定〕。理論と数式の裏打ちがない実験結果は受け入れない……とまで強硬な姿勢の人もいないわけではありません。

物理法則の数式化は、世界経済の浮沈にも深く関係します。いま産業の多くは、量子力学とその数式化に支えられているわけですからね。

世界のしくみには、むろん数式化できないものもあります。何度か触れた「進化の自然選択」もそのひとつでしょう。もともと数式に乗らない話だとはいえ、「生命」世界の全体を貫く強力な原理だと思えます。

自然選択説は、生物種の範囲を超えて、宇宙誕生の考察にも使われました。一例に、物理法則の形で表す哲学者ハーバート・スペンサーの「適者生存論」があります（1章）。数式化して人口動態のモデル化に使えば、定性的な予想が定量的な予想に進化し、将来予測のすぐれた道具になるのですね。

生物学をまるごと数学で扱えるかどうかは、まだおぼろげです。二〇世紀の中期まで生物学は「自然界の散策」段階でしたが、ジェームズ・ワトソン（1928年生）とフランシス・クリック（1916〜2004）がDNAの分子構造を突き止めた一九五三年、生物学はたちまち化学になり、ひいては「物理科学」の一部となりました。ただし当面、数式にそのまま乗る生物の法則としては、（やはりDNAに関係する）メンデルの法則などを除き、まだ具体例はそれほど多くありません。

とはいえ生物の分野で、数学が役立ちそうなテーマはいろいろありそうです。たとえば捕食者と獲物の数がどう変わっていくかの解明は、農業や漁業に役立つでしょう。また、呼吸や心拍、日周リズムなど体内の周期現象も、物理法則をもとに数式化できますね。伝染病が流行中の発病率の推移とか、思考中や運動中のときに神経細胞を伝わる電位差の波、魚が水中を進もうとして体をくねらせるときに筋肉を伝わる波なども、数学で扱える生物現象でしょう。

コンピュータの原型を生んだ英国のアラン・チューリング（1912〜54）は、物質がさまざまな形状の容器内で広がっていくさまを表す方程式の解析から、動物が体表にもつ模様（ヒョウの斑点、シマウマの縞、キリンの斑点、チョウの柄）の説明を試みました。ゾウの長い鼻も、まだ子宮の中で胚だったころ、物質が波のように伝わった結果だと推定しています。[3] 醜男だったといわれるイソップ（実在したなら紀元前629〜565）の童話に出てくる動物の楽しい世界をぶち壊した先駆者が、チューリングだといえましょうか。

体のつぎに、人間社会はどうでしょう？　社会学（sociology）という語は一七八〇年にエマニュエル＝ジョゼフ・シエイエス（1748〜1836）がつくりました。社会学が花開くのは、人間をラットのように見立てて集団の行動を探り始めた一九世紀の後半です。数学的な方法論の洗練は、統計モデルのコンピュータ解析ができるようになった二〇世紀のこと。人間の行動を表す法則の探究から、個人個人の平均的なふるまいを見つけ、予測もできるようになりました。行動の統計処理は社会の運営に役立ち、統計それ自体の法則（確率変数の正規分布など）は整いました。けれど、「人間行動をつかさどる基本法則」が見つかったわけではありません。

ルイス・キャロル『不思議の国のアリス』に出てくる「チェシャ猫のニタニタ笑い」を考究する趣の神学に、数学はまず必要ありません。脳の働きが生む詩や絵画・彫刻、文学作品も、暮らしを豊かにはするものの、やはり数学とは無縁でしょう（文章の統計処理でマーロウとシェイクスピアの作風を分析することはありえますが）。やはり境界線上にある音楽でも、和音やメロディーと脳内回路のかかわり解析に数学を使えば、美学という科学の領域に入りますね。

けれど、そうした例をあまり重視しないほうがよさそうです。数学の応用がありうる分野だとはいえ、応用と「基本法則」はちがいます。統計学が追求するデータの数値解析を除く全部で、数学らしいところはモデル分析だけ。自然界の基本法則というより、わかっている基本法則のとり合わせにすぎません。新しい外部法則（アウトロー）ですらなく、できあいのアウトロー（無法者）たちが「つるんだ」ものとでもいえましょう。

＊　＊　＊

数学の効用は、法則の数式をもとに、結果を理路整然と予測できるところです。「適者が生き延びる」とか「ゾウの体も元素からできる」とか、言葉の表現にとどまるかぎり、確かな予測はできません。かたや数式の裏打ちがあるフックの法則「復元力は変位に比例する」（$F = -k_f x$ の文章表現）なら信頼性の高い予測に活用できて、たとえば振り子の長さから振れの周期がピタリと計算できますね。

一部の読者は「カオス系もあるぞ」と叫びたいかもしれません。たしかにカオス系は、成り行きが予測できないように見えますが、ひとつ注意が必要です。カオスの引き合いにされる系、振り子の下に別の振り子をぶら下げた「二重振り子」でも、両方の振り子はフックの法則に従って運動します。全体の運動方程式は解けて、初期（静止）状態の角度あれこれが精密にわかっていれば、揺れ始めたあとの状況は完璧に予測できるのです。ポイントは、初期状態が「精密に」わかっていること。ほんの少しでもあやふやなら、スタート後にどうなっていくかは予測できません。

つまりカオス系もデタラメではなく、初期状態にたいへん敏感だから、「実際上の予測不能」になってしまうだけ。初期状態が完璧にわかっていれば、摩擦や空気抵抗といった妨害要因がないかぎり、ふるまいは完璧に予測できます。

予測と実測の一致が「実際的に」だけ不可能なら、「実証可能性」の意味も変わります。仮説（予測）と実測を突き合わせ、ズレがあれば仮説を修正する……が「科学の方法」でした。確実に予測できない面もあるなら、科学の土台はぐらつくのでしょうか？

そうではありません。モデルが「カオス的」な挙動を生むという「大域的な予測」はでき、初期状態を変えたときの結果が「カオス的」になるなら、カオスも、検証可能な「予測可能性」の枠内にあるといえます。二重振り子の場合だと、振り子の軌跡が精密に予測・検証できなくても、系のふるまいは、アウトロー（外部法則）のもとで検証できると思っていいのです。

ヒトの脳は、いうまでもなく、二重振り子よりずっと複雑な出来事のつながりで働きます。そのため脳の出力（発言、行動、芸術作品など）は、見た目の入力（眼差し、ひとことなど）だけから予測などできない。未来永劫そうでしょう。神学者なら、脳の予測不能性を「自由意思」とよぶところですね。口が吐く意見や、手が書く詩、体が実行する殺人は、たとえあらかじめ予測できなくても、二重振り子の場合と同様、脳内の出来事が（ずっと）複雑だという前提＝諦めのもと、脳の働きが生んだものだと思ってよろしい。

だから自由意思（カオス）を生む根元には、二重振り子の場合と同じく、脳の働きがあると考えていいのです。脳内のネットワークが完璧にわかる日が来るかどうかは、むろん誰にもわかりません。精神医学の分野で見つかっている行動パターンをまとめて解析すれば、脳の解明に向けた数式化はできるかもしれない……と個人的には感じていますが。

＊　＊　＊

数学の非情さと、高度な論理性・合理性が、ウィグナーの「不合理なまでの効用」を生むのでしょう。ただし私自身、数学の効用を「不合理」とみたくはありません。数学の威力は、系統だった手続きから生まれます。モデルをつくり、関連の量を結びつける方程式を整え、演繹（えんえき）というツールを駆使しつつ、理詰めで解を出していく。それでいちおう完璧に見えますね。けれど、その先はもうないのでしょうか？

もっと深い意味で、世界の「数学性」をほのめかす何かもあるのでは？　話の出発点に、ドイツの数学者レオポルト・クロネッカー（1823〜91）の名言、「自然数は神の作品。ほかの全部は人間の作品」を選びます。数学の華々しい成果はみな、自然数に「数える以上のこと」をさせ、いろいろなパターンに当てはめる営みが生んだ……とも彼はいいました。でも、「神様の恵み」は脇に置くとして、自然数はいったいどこから来たのでしょう？

自然数は、**虚無**が生んだとみてもよさそうです。そのことを、ものの集まりを扱う「集合論」で考えてみます。

何もないときは「空集合がある」と考え、空集合を｛∅｝と書き、数字の0を対応させましょう。空集合を成分にもつ集合は｛｛∅｝｝と書けて、成分が一個だから1を対応させる。つぎに、空集合と、「空集合を含む集合」のセットは｛｛∅｝，｛｛∅｝｝｝で、成分が二個だから2を対応させる。それなら3は｛｛∅｝，｛｛∅｝｝，｛｛∅｝，｛｛∅｝｝｝｝と表せて、空集合と、「空集合を含む集合」に、「空集合と『空集合を含む集合』の集合」を合わせたセットを表す。4以降がどうなるかは見当がつきますね。

そんなふうに、空集合から出発して自然数の世界がつくれます。できた自然数に何段階かの「輪くぐり（カッコをつけていく操作）」をさせると、クロネッカーがいったとおり、数学の世界ができ上がるのでした。

虚無を空集合｛∅｝とみましょう。宇宙は**虚無**からできました。その二つには対応がつきそうです。けれどまだ、「おもしろそうな対応」のレベルで、生まれた宇宙を「数学的」と形容していいかどうかはわかりません。ただしいまの対応は、「何かありそう」と匂わせ、宇宙の秘密と数学のからみ合いをほのめかすものでしょう。

むろん謎はたくさんあります。たとえば、自然数がどうやって「数学的な構造」につながっていくのか？　自然数の集まりをそのまま「宇宙」とよぶわけにはいきませんが、算術の基礎となる公理の群れに、答えのヒントがありそうです。名高いものに、イタリアの数学者ジュゼッペ・ペアノ（1858〜1932）の公理系があります。[4] また、ドイツのレオポルト・レーヴェンハイム（1878〜1957）とノルウェーのトアルフ・スコーレム（1887〜1963）が発表した「公理系は算術に等価」という公理[5]は、算術が豊かな世界を生むことを約束してくれます。

だから、主張の群れ（いわば公理系）をもとに、どんな物理法則も説明できる理論ができれば、その理論は算術に等価だとみてよく、算術の考えかたで扱えるはず。すると、やや乱暴ながら、**虚無**から生まれた宇宙が、ペアノの公理系に似た論理構造と出合って形をなした、というような推測もできましょう。むろん個人的な思いつきにすぎず、確かな意味のあることを書いているつもりもありませんが、宇宙の起源を探るうえでは、そんな考察も役に立つのではと感じます。

＊　＊　＊

先ほど書いた「数学的な宇宙」とは、いったいどんなものでしょう？　算術だけの世界なら、私が手で触れるものは何なのか？　代数までの世界なら、窓から見える風景は何なのか？　私の意識は、公理系という音楽に合わせて踊る自然数の集団なのか？　自然界の因果関係は、定理の証明のようなものなのか、それとも定理の証明そのものなのか？

手で何かに触れるとします。いったい何に触れたのか？　$\sqrt{2}$やπではなさそうですが、こう答えればどうでしょう。体内の生理現象に目をつぶると（「脳の応答も含めて接触のはず」と反論する読者もいそうですが、少しお待ちを）、接触とはつまり、二つの物体が合体できないこと（不透過性）を意味します。不透過性は空間的な「排斥（はいせき）」にほかなりません。接触の生む信号が神経回路から脳に届く結果、私たちは信号の根元をつかみ、接触を「やりすぎた」ときのリスク＝負傷を避けようとするわけですね。

物体の相互排斥――その根元には、ある重い原理があります。オーストリアの物理学者ヴォルフガング・パウリ（1900～58。彼も早逝）が一九二五年に提案し、一九四〇年に一般化した定理＝排他律です（一九四五年ノーベル物理学賞）。電子（素粒子のひとつ）の数学的記述にからむ話で、二個の電子を交換すると、電子の性質（スピン）が変わるという原理でした[6]。排他律が働く結果、二個の原子がまとう電子の雲は混じり合えず、一方の電子は、他方の電子が占める空間から排斥される。マクロ世界の接触も排他律から生まれる……と解釈しても、本筋の話（数学と自然界のかかわり解明）に迫れていないのは承知ですけれど、そこへ向かう半歩くらいにはなりそうな気がしています。

聴覚も接触の一種でしょう。感覚器官は耳の中にあり、圧力波をつくっている空気の分子が感覚器官にぶつかって（接触）、鼓膜に衝撃を起こす。触覚と聴覚は脳内のちがう部位に届くけれど、原理上は同じものだといえましょう。

やはり接触とみてよい視覚は、目に見えない微妙な部位で発生します。網膜上に並ぶ桿体と錐体に組みこまれ、タンパク質の「ポケット」に結合した色素（光受容）分子が、光子を吸収して活性になったあと、構造を少し変える。するとタンパク質内で居心地（接触の具合）が悪くなった色素は離れていき、残ったタンパク質が構造を微妙に変えるとき、生じる電気信号が脳内のまた別部位に届いて、「見えた」ことになります。

嗅覚と味覚も接触とみていいでしょう。まだ不明な部分も多いのですが、鼻に入った香り分子や、舌に乗った味覚分子がそれぞれの受容体（レセプター）にはまりこみ、そのときに出る電気信号が専用の脳内部位へ届きます。このように五感はどれも「接触」だから、パウリの排他律（世界の数学的性質）の表れとみてよいのかもしれません。

むろん私の解釈に確かな裏打ちはないし、解釈を武器に、脳の神秘や「意識」が生じるしくみに切りこめる自信もありません。物質界の深部がまだ明るみに出ていない現在、十分な説得力があるとも思えない。ただしそれでも、自然数や、自然数の織りなす宇宙が私たちと密接にリンクしている……そんな可能性をほのめかしているのではないかと思っています。

＊　＊　＊

最後にひとつ、もっと深い問いがあります。私の心に浮かぶのは、オーストリア出身のクルト・ゲーデル（1906〜78。毒殺におびえ米国のプリンストンで餓死）が一九三一年に証明した定理。「ある公理系が首尾一貫しているかどうかは、その公理系だけを使っても証明できない」というものです。[7] すると、自然界の法則が「数学的」だとしても、全体は首尾一貫していない？　私が物理法則について語ってきたことは、ことごとく空論？　宇宙が数学そのものなら、宇宙の全体は首尾一貫していない？　いずれ宇宙は自己矛盾の重さに圧しつぶされる？

いいえ、出口はあります。名高い定理を証明するときゲーデルは、特別な算術を前提にしました（一例が注記4）。その一部、たとえば「かけ算の規則」を捨てるとしましょう。そのときゲーデルの証明はうまくいきません。「かけ算のない算術」はなんとなく不安ですが、不安なものが物質世界の原理になる点では、「2×3が3×2に等しくない」話（8章）もそうでした。かけ算のない算術はゲーデルの証明を壊すとはいえ、算術そのものを壊すわけではありません。[8]

ではさらに、2＋3が3＋2に等しくないとどうなるか？　誰も知らないけれど、ゲーデルの証明の前提条件が物理世界に通用するかどうかも、誰ひとり知らないのです。だから、自然界の法則は首尾一貫しているとみても、とりあえず反証はない。首尾一貫していないなら、未来のいつか宇宙がいきなり大膨張し、私たちを含む存在の全部を流し去り、母なる虚無に戻りかねませんが、たぶんそんな「断層」はないのです。宇宙を支配する物理法則も首尾一貫した論理構造をもち、自己矛盾も不整合もない……と考えて安心しましょう。

未来のいつか、万物をつかさどる理論、つまり内部法則と外部法則の全部を説明できそうな理論が見つかったとしても、まだ終わりではないとみる人もいます。万事の収支を完全につかめたように思えても、それは見かけのことにすぎないという悲観論です。森羅万象を説明できそうな理論が二つや三つあり、どれが正しいのか見当もつかない、というような状況ですね。

似たような話に8章で出合っています。物理世界を精密に表現したいとき、使える変数は位置と運動量の「どちらか」でした。どちらに分があるとはいえません。そんなふうに、見た目は別の法則なのにお互いどうし矛盾はしない……という表現はほかにもあって、いずれ見つかるのかもしれません。

物理法則の全部が見つかったといえるのは、どんなときでしょうか？　技術的にも原理上も実測できそうにない理論（「超ひも理論」など）も、「それでいい」と思っていいのか、それとも、仕上がった理論の破れがないかどうか監視をなお続けるべきなのか？　監視などしなくていいと思うのは、人間の思い上がりなのか？　……

将来どんな結末がこようと、いま私たちは、宇宙が合理的な場所だということ、そして宇宙を支配する法則が理解の範囲内にあると知っています。そう確信したうえで、実りある理論の発見に向かい、これからも人間は歩み続けるでしょう。

いままで私は何度も、宇宙が誕生したとき**わずかなことしか起こらなかった**と書いてきました。実際は**ほとんど何も起こらなかった**のではと想像していますが、ほんとうはどうだったのかがわかるのは、全理論の発見よりさらに先のことかもしれません。

注　記

以下で c は光速，h はプランク定数，k はボルツマン定数，e は電気素量を表す．

1 章

1. 理論が生まれる道筋については，M. Jammer の“The Conceptual Development of Quantum Mechanics”(McGraw-Hill, 1966)［邦訳：井上 健『量子力学の哲学（上・下）』紀伊國屋書店，1983，1984］が参考になる．
2. **フックの法則**は，復元力 F，平衡位置からの変位 x，力の定数 k_f を使って $F=-k_\mathrm{f}\,x$ と書ける．硬いバネほど k_f が大きい（6 章も参照）．
3. **ボイルの法則**は，気体の量と温度が一定のとき $V\propto 1/p$（V は体積，p は圧力），つまり「$pV=$ 一定」と書ける（6 章も参照）．

2 章

1. ネーターの定理のやさしい解説が D. Neuenschwander の“Emmy Noether's Wonderful Theorem”（Johns Hopkins University Press，2010）にある．専門的な解説は Y. Kosmann-Schwarzbach の“The Noether

Theorems: Invariance and Conservation Laws in the Twentieth Century”（Bertram Schwarzbach 訳, Springer, 2011）を参照.

2. 質量 m で速さ v の物体は運動エネルギー $\frac{1}{2}mv^2$ をもつ. 地表から高さ h にある質量 m の物体は, 位置エネルギー mgh（g は重力加速度 $= 9.8\ \mathrm{m/s^2}$）をもつ. 電磁エネルギーは電場の 2 乗と磁場の 2 乗に比例する.
3. ニュートリノは 1956 年にライネスとカワンが実験で観測し, 約 40 年後の 1995 年にライネスがノーベル物理学賞を受賞（カワンは 1974 年に死去）. 授賞が決まる 10 月上旬のドキドキ体験を 40 年も続ける気分は, どうだったのだろう？
4. この考察は十分に正確とはいえない. エネルギーと運動量（章中で後出）の識別は, 観察者と被観察者の相対速度で変わる. また本章の範囲では（個別の空間と時間ではなく）時空が均質だと仮定している. 簡単のため, 以上のことには触れなかった.
5. 世代から世代への時間が, 現在から過去へさかのぼる世代交代ごとに半減するなら, $1 + \frac{1}{2} + \frac{1}{4} + \cdots = 2$ なので, かりに世代数が無限だとしても, **原宇宙**からの経過時間は有限にとどまる. ただしそのとき, **原宇宙**は「一瞬で娘を産んだ」ことになってしまう. かたや**原宇宙**からいまの宇宙までに無限の時間がかかったなら, 私の主張はことごとく崩れてしまう（「無限に長い時間」を好む人もいるだろうが）.
6. 万有引力定数 G を使って $L_\mathrm{P} = \sqrt{hG/2\pi c^3}$ と書ける**プランク長** L_P は 1.6×10^{-35} m に等しく, 原子直径の 10 兆分の 1 の, さらに 1 兆分の 1 にあたる. **プランク時間**（光がプランク長だけ進む距離）は $t_\mathrm{P} = \sqrt{hG/2\pi c^5}$ と書けて, 5.4×10^{-44} s に等しい. ついでに, $m_\mathrm{P} = \sqrt{hc/2\pi G}$ と表される**プランク質量**は, なんとか見当のつく 22 μg（マイクログラム）になる. A4 判のコピー用紙 1 枚（4.0 g）は約 18 万プランク質量に等しい.
7. 私の念頭には『リグ・ヴェーダ』中の「宇宙開闢（かいびゃく）の歌」（下記）がある. ［辻 直四郎訳『リグ・ヴェーダ讃歌（岩波文庫 32-060-1）』p.322, 岩波書店（1970）より許可を得て転載］

一　そのとき（太初において）無もなかりき，有(う)もなかりき．空界もなかりき，その上の天もなかりき．何ものか発動せし，いずこに，誰の庇護の下(もと)に．深くして測るべからざる水（注：しばしば開闢の初頭に挙げられる原水）は存在せりや．

二　そのとき，死もなかりき，不死もなかりき．夜と昼との標識（日月・星辰）もなかりき．かの唯一物（中性の根本原理）は，自力により風なく呼吸せり（生存の徴候）．これよりほかに何ものも存在せざりき．

三　太初において，暗黒は暗黒に蔽われたりき．この一切は標識なき水波なりき（注：混沌状態の描写．この大水を原水と考えれば，第一詩節の水に関する回答となる）．

8. **虚無**から**何か**が生まれた道筋は，プランク時間の 2×10^{52} 倍（$2\times10^{52}\times5.4\times10^{-44}$ s≒30〜40 年）ほど前にも考察し，2 冊の本 “The Creation”（W. H. Freeman & Co., 1981）と “Creation Revisited”（W. H. Freeman & Co., 1992）にまとめた．

9. 質量 $\boldsymbol{m}$ で速度 $\boldsymbol{v}$ の物体は（線型）運動量 $\boldsymbol{p} = \boldsymbol{m}\boldsymbol{v}$ をもつ．

10. 角運動量 $\boldsymbol{J}$ は，角速度 $\boldsymbol{\omega}$ と慣性モーメント I を使って $\boldsymbol{J} = I\boldsymbol{\omega}$ と書ける．半径 r の円上を動く質量 m の物体は慣性モーメント $I = mr^2$ をもつ．

3 章

1. 屈折を表す**スネルの法則**は，入射角 θ_1 と屈折角 θ_2，媒質二つの屈折率(n_{r1}, n_{r2})を使って $\sin\theta_1/\sin\theta_2 = n_{r2}/n_{r1}$ と書ける．

2. 池で溺れかけた子供を助けに行くとしよう．読者が陸上を走る速さは，水中を歩く速さの 10 倍だとする．子供と読者を結ぶ直線の中間（水際）を原点とみた xy 座標を考え，水際が x 軸，位置の座標は読者が（100, 100），子供が（−100, −100）とする．少し面倒な計算をすると（非常時に計算するより，いまやっておくほうが楽)，座標（−86, 0）まで走ってから水中をまっすぐ進めば，合計の時間が最小になる．

3. ある波が終点に達したときの振幅を a_0 とする．わずかにちがう経路で同じ終点に届く別の波の振幅 a_p は，曲がりの指標 p を使って $a_p = a_0 + p(\mathrm{d}a/\mathrm{d}p) + \frac{1}{2}p^2(\mathrm{d}^2a/\mathrm{d}p^2) + \cdots$ と表せる．振幅が最小なら $\mathrm{d}a/\mathrm{d}p = 0$ が成り立つため，p の二次のオーダーだけ異なる．ほかの経路はどれも，最初の経路との振幅差が大きい（正式な解析には振幅ではなく「位相コヒーレンス長」を使う)．
4. 粒子の運動量 p と波（物質波）の波長 λ は，$\lambda = h/p$ で結びつく（h はプランク定数．8 章参照)．1924 年にルイ・ド・ブロイ（1892〜1987）が発表した式だが，ほどなく量子力学の理論からも出てくるとわかった．
5. 作用 S は積分形 $S = \int_{\text{経路}} L(q,\dot{q})\,\mathrm{d}s$ で定義する．積分は無限小の段階 $\mathrm{d}s$ ごとに行い，q は粒子の位置，$\dot{q}$ は粒子の速さ，$L(q,\dot{q})$ は系の「ラグランジアン」を表す. 調和振動子だと L は運動エネルギーと位置エネルギーの差を表し，$L = \frac{1}{2}m\dot{q}^2 - \frac{1}{2}k_f q^2$ と書ける．
6. 経路の干渉に注目して量子力学を論じる「経路積分」はリチャード・ファインマンが発想した．R. P. Feynman と A. R. Hibbs の “Quantum Mechanics and Path Integrals”（McGraw-Hill, 1965）［邦訳：北原和夫『新版 量子力学と経路積分』みすず書房，2017］参照.
7. 出発点で振幅が a だった波の振幅と位相は，出発後に $ae^{i/S\hbar}$ となる（S は経路に伴う作用，$\hbar$ は $h/2\pi$，i は虚数（$\sqrt{-1}$）を表す.
8. ニュートンの第二法則は，力 $\boldsymbol{F}$ と運動量 $\boldsymbol{p}$ を使って微分方程式 $\boldsymbol{F} = \mathrm{d}\boldsymbol{p}/\mathrm{d}t$ と表せる．シュレーディンガー方程式はずっと複雑な姿をもち，粒子の質量 m，エネルギー E，位置エネルギー $V(x)$，$\hbar = h/2\pi$ と，粒子のふるまいを表す「波動関数」ψ を使って $V(x)$：$-(\hbar^2/2m)(\mathrm{d}^2\psi/\mathrm{d}x^2) + V(x)\psi = E\psi$ と書ける.
9. 最小作用の経路（注記 5 参照）は，変分方程式 $\delta\int_{\text{経路}} L(q,\dot{q})\,\mathrm{d}s = 0$ を満たし，それに等価な微分方程式は $\partial L/\partial q - \mathrm{d}(\partial L/\partial\dot{q})/\mathrm{d}t = 0$（オイラー・ラグランジュ方程式）となる．ラグランジアンが $L = \frac{1}{2}m\dot{q}^2 - V(q)$ のとき，オイラー・ラグランジュ方程式はニュートンの第二法則に一致する.

4 章

1. ボルツマン分布は，エネルギー E_1 と E_2 にある分子数を N_1 と N_2，温度を T として $N_2/N_1 = \mathrm{e}^{-(E_2-E_1)/kT}$ の形に書ける．以下で T は絶対温度を表す．
2. 量子力学に従う運動で必ず残る「ゼロ点エネルギー」をいう．ゼロ点エネルギーがあるため，ミクロ世界の振り子はけっして静止しない．
3. 摂氏温度に 273.15 を足せば絶対温度になる（20 °C は約 293 K に等しい）．
4. **アレニウスの速度式**は，活性化エネルギーを E_a と気体定数 R（$= N_\mathrm{A}k$；N_A はアボガドロ定数）を使って反応速度を $v \propto \mathrm{e}^{-E_\mathrm{a}/RT}$ と表す．
5. **ニュートンの冷却法則**は，物体と環境の温度差を ΔT，物体の種類と量で決まる定数を K，時刻を t として，$\Delta T(t) = \Delta T(0)\mathrm{e}^{-Kt}$ と書く．
6. **放射壊変の法則**は，壊変核の個数を N，核種に特有な定数を K として，$N(t) = N(0)\mathrm{e}^{-Kt}$ と書く．K と半減期 $t_{1/2}$ は $K = (\ln 2)/t_{1/2}$ で結びつく（$\ln 2 = 0.693$）．

5 章

1. エントロピー S を表す**ボルツマンの式**は，全エネルギー一定のもとで分子がとれる状態の数 W を使い，$S = k \ln W$ と書く．墓石上では自然対数を（いまの ln ではなく）log としてある．クラウジウスがエントロピーの記号を S にしたのは，語源（変転）に合わせて「身をくねらせる文字」を選んだという説もあるが，両隣の R と T が使われてしまったから仕方なく S にしたのかもしれない［訳注：カルノーの名前 Sadi から採ったという説もある］．
2. エントロピー変化 ΔS を表す**クラウジウスの式**は，物体が絶対温度 T で受けとる熱 q（負の値なら「失う熱」）

を使って，$\Delta S = q/T$ と書く．熱は「可逆的に」移動するとみなし，熱の供給側と受容側の温度差がゼロに近ければ可逆的とみてよい（有限な速さで移動するなら，不等式 $\Delta S > q/T$ が成り立つ）．

3. **熱機関の効率** η は，「出力の仕事」を「入力の熱」で割った値とする．高温熱源の温度が T_2，低温熱源の温度が T_1 の理想的な熱機関で $\eta = 1 - T_1/T_2$ となるのをカルノーは示した．T_1 が 0 に近づくか，T_2 が無限大に近づけば $\eta \rightarrow 1$ となる．低温より高温のほうが実現しやすいため，エンジン類の改良ではもっぱら高温熱源（過熱蒸気など）がくふうされた．T_2 が 200 °C（473 K）で T_1 が 20 °C（293 K）なら $\eta = 0.38$ となり，理想的なエンジンでも熱の 38% しか仕事に変換できない．
4. ケルビンの表現：**ほかの変化を伴わず，熱源から得た熱の全部を仕事に変え続けるしくみは存在しない．**
5. クラウジウスの表現：**ほかの変化を伴わず，低温部から高温部へ熱が移ることはない．**
6. 絶対零度への到達不能性とエントロピー値については，単著 “The Laws of Thermodynamics: A Very Short Introduction”（Oxford University Press, 2010）と，J. de Paula 他との共著 “Physical Chemistry”（11th Ed., Oxford University Press, 2018）〔第 10 版の邦訳：中野元裕ほか『アトキンス 物理化学（上・下）』東京化学同人，2017〕を参照．
7. プリゴジンの業績は I. Prigogine と I. Stengers の “The End of Certainty”（The Free Press, 1997）〔邦訳：安孫子誠也・谷口佳津宏『確実性の終焉』みすず書房，1997〕を参照．彼の仕事を称えた（称えるよう進言された？）ベルギー王が 1989 年，プリゴジンを子爵に叙した．

6 章

1. **完全気体の法則**は，圧力 p，体積 V，分子数 N，絶対温度 T を使って $pV = NkT$ と書く．化学では通常，モル単位の量 n（$= N/N_A$；N_A は**アボガドロ定数**）と**気体定数** R（$= N_A k$）を使い，$pV = nRT$ の形に書く．
2. ふつうは完全気体の法則を「理想気体の法則」とよぶが，私自身は「完全気体」を使う．理由はつぎのとおり．

「理想溶液」の中では溶質と溶媒の分子が，相手がどちらか知らずに働き合い，どちらでも働き合いの強さに差はない．その点は完全気体も同じだが，完全気体ではさらに「働き合いゼロ」も加わる．つまり「理想性の先」にあるのが「完全性」だといえる．

3. **ヘンリーの法則**：気体の溶解濃度 c は圧力（分圧）p に比例する（$c = Kp$）；**ラウールの法則**：溶媒の蒸気圧降下 Δp は溶質の濃度 c に比例する（$\Delta p = Kc$）；**ファントホッフの法則**：溶液の浸透圧 Π は溶質の濃度 c に比例する（$\Pi = Kc$）．なお K の意味は法則ごとに異なる．
4. 気体分子運動論から $pV = \frac{1}{3}Nm\langle v^2\rangle$ という関係式が出てくる（N は体積 V に含まれる分子数，m は分子の質量）．$\langle v^2\rangle$ は「速さの二乗」の平均値で，その平方根が平均速さを表す．温度が一定なら $pV =$ 一定（ボイルの法則）に一致する．
5. 温度 T で質量 m の気体分子の平均速さは $v = (8kT/\pi m)^{1/2}$ と書けるため，$v \propto \sqrt{T}$ が成り立つ．
6. **フックの法則**は $F = -k_\mathrm{f}x$ だった（1 章の注記 2）．質量 m の振動子は $v = (1/2\pi)(k_\mathrm{f}/m)^{1/2}$ の振動数を示す．長さ l の振り子だと，重力加速度 g を使って $v = (1/2\pi)(g/l)^{1/2}$ になる．その式も極限法則の例となり，振れがゼロの近辺だけで正しい．
7. 平衡位置からの変位が x のとき量 P がもつ値を $P(x)$ と書けば，一般に $P(x) = P(0) + (\mathrm{d}P/\mathrm{d}x)_0 x + \frac{1}{2}(\mathrm{d}^2P/\mathrm{d}x^2)_0 x^2 + \cdots$ が成り立つ．P と x の関係を表すグラフの「底」では $(\mathrm{d}P/\mathrm{d}x)_0 = 0$ だから，$P(0)$ に続く項のうち，消えない最初の項は $\frac{1}{2}(\mathrm{d}^2P/\mathrm{d}x^2)_0 x^2$ となる．P が位置エネルギー E_p なら，復元力 F と位置エネルギーは $F = -\mathrm{d}E_\mathrm{p}/\mathrm{d}x$ で結びつき，$F = -(\mathrm{d}^2P/\mathrm{d}x^2)_0 x$ と書けるため，$(\mathrm{d}^2P/\mathrm{d}x^2)_0 = k_\mathrm{f}$ とすればフックの法則に一致する．
8. 調和振動子（フックの法則に従う振動子）のエネルギーは，質量を m として $E = p^2/2m + (k_\mathrm{f}/2)x^2$ のように書ける．運動量 p も変位（位置）x も二乗の形になった対称性を鑑賞しよう．
9. 何かの空間構造と回折パターンは，お互い「フーリエ変換」の関係にある．世界の「位置に注目した表現」と「運動量に注目した表現」も，お互いフーリエ変換の関係にある．

7 章

1. **クーロンの逆二乗則**は，電荷 Q_1 と Q_2 の間に働く電気力 F と距離 r を使って $F = Q_1Q_2/4\pi\varepsilon_0 r^2$ と書ける（ε_0 は真空の誘電率とよぶ基礎物理定数）．積分すると，2 個の電荷が働き合う位置エネルギーを表す式 $E_\mathrm{p} = Q_1Q_2/4\pi\varepsilon_0 r$ になる．質量 m_1 と m_2 が引き合う力 F も，万有引力定数 G を使った同様な逆二乗則 $F = Gm_1m_2/r^2$ に書ける．
2. クーロン相互作用の対称性は，「群論」の記号を使って SO(4) と表され，「四次元の特殊直交群」とよぶ．
3. 水素原子の場合，同じ殻（同じ主量子数 n）に属す原子軌道は，方位量子数 l が決める角運動量の大きさに関係なく同じエネルギーをもつ（同じ殻内なら s, p, d, …軌道のエネルギーは等しい）．それを「縮退」という．縮退には必ず対称性が伴い，原子軌道の縮退はクーロン相互作用に特有な「四次元の超球対称性」が生む．つまり，三次元世界で多様な形の s, p, d, …軌道も，四次元世界になると互いに対称操作で入れ替わる．
4. 最初の波が $\psi(x)$ のとき，大域的ゲージ変換で波全体の位相を ϕ だけずらせば，変換後の波動関数は $\psi(x)\mathrm{e}^{\mathrm{i}\phi}$ と書ける．位置 x に粒子が見つかる確率密度は，変換前が $\psi^*(x)\psi(x)$，変換後が $\psi^*(x)\mathrm{e}^{-\mathrm{i}\phi}\psi(x)\mathrm{e}^{\mathrm{i}\phi} = \psi^*(x)\psi(x)$ だから，変換の前後で変わらない．また，位置 x の位相を $\phi(x)$ だけずらす局所的ゲージ変換でも，$\psi^*(x)\mathrm{e}^{-\mathrm{i}\phi(x)}\psi(x)\mathrm{e}^{\mathrm{i}\phi(x)} = \psi^*(x)\psi(x)$ なので，やはりゲージ不変性は保たれる．
5. 大域的ゲージ変換と電荷の保存との関係は，以下の論法からわかる．記号をなるべく単純化し，話の流れだけ追えるようにした．空間の一階微分だけ扱うけれど，正確な話には時間微分も要する．無限小の「ずらし」を考え，$\psi(x) \to \mathrm{e}^{\mathrm{i}\phi}\psi(x)$ を $\psi(x) \to (1+\mathrm{i}\phi)\psi(x) = \psi(x) + \delta\psi(x)$ のように近似する［$\delta\psi(x) = \mathrm{i}\phi\psi(x)$］．その結果，$\psi' = \partial\psi/\partial x$ と書けば，ラグランジアン密度 $L(\psi, \psi') = \frac{1}{2}\psi'^2 - \frac{1}{2}m\psi^2$ の変化は次式に表せる．

$$\delta L = \frac{\partial L}{\partial \psi}\delta\psi + \frac{\partial L}{\partial \psi'}\delta\psi' = \left\{\frac{\partial L}{\partial \psi} - \frac{\partial}{\partial x}\left(\frac{\partial L}{\partial \psi'}\right)\right\}\delta\psi + \frac{\partial}{\partial x}\left(\frac{\partial L}{\partial \psi'}\delta\psi\right)$$

オイラー・ラグランジュ方程式（全体の作用が最小になる道を教えるもの）に従い，次式が成り立つ．

$$\frac{\partial L}{\partial \psi} - \frac{\partial}{\partial x}\left(\frac{\partial L}{\partial \psi'}\right) = 0$$

以上から次式を得る．

$$\delta L = \frac{\partial}{\partial x}\left(\frac{\partial L}{\partial \psi'}\delta\psi\right) = \mathrm{i}\,\phi\,\frac{\partial}{\partial x}\psi'\psi$$

大域的ゲージ変換でラグランジアン密度は変わらないため，どんなϕについても$\delta L = 0$としてよい．すると次の結果になり，「電流Jが保存される」とわかる．

$$\frac{\partial}{\partial x}\overbrace{\psi'\psi}^{J} = 0$$

6. 波動関数$\psi(x)$がシュレーディンガー方程式（次式）の解だとする．

$$-\frac{\hbar^2}{2m}\frac{\mathrm{d}^2\psi(x)}{\mathrm{d}x^2} + V(x)\psi(x) = E\psi(x)$$

位相のずれた波動関数を$\psi(x)\mathrm{e}^{\mathrm{i}\phi(x)} = \widetilde{\psi}(x)$と書く．それを上式に代入すると次のようになるため，$\psi(x)\mathrm{e}^{\mathrm{i}\phi(x)}$はシュレーディンガー方程式の解ではない．

$$-\frac{\hbar^2}{2m}\frac{\mathrm{d}^2\widetilde{\psi}(x)}{\mathrm{d}x^2} + V(x)\widetilde{\psi}(x) = -\frac{\hbar^2}{2m}\left\{\frac{\mathrm{d}^2\psi}{\mathrm{d}x^2} + 2\mathrm{i}\frac{\mathrm{d}\phi}{\mathrm{d}x}\frac{\mathrm{d}\psi}{\mathrm{d}x} - \left(\frac{\mathrm{d}\phi}{\mathrm{d}x}\right)^2\psi + \mathrm{i}\frac{\mathrm{d}^2\phi}{\mathrm{d}x^2}\psi\right\}\mathrm{e}^{\mathrm{i}\phi(x)} + V(x)\widetilde{\psi}(x)$$

$$= E\widetilde{\psi}(x) - \frac{\hbar^2}{2m}\left\{2\mathrm{i}\frac{\mathrm{d}\phi}{\mathrm{d}x}\frac{\mathrm{d}\psi}{\mathrm{d}x} - \left(\frac{\mathrm{d}\phi}{\mathrm{d}x}\right)^2\psi + \mathrm{i}\frac{\mathrm{d}^2\phi}{\mathrm{d}x^2}\psi\right\}\mathrm{e}^{\mathrm{i}\phi(x)}$$

だがシュレーディンガー方程式を次のように修正すれば，余分な三つの項は消える．

$$-\frac{\hbar^2}{2m}\frac{\mathrm{d}^2\widetilde{\psi}(x)}{\mathrm{d}x^2} + U(x)\widetilde{\psi}(x) + V(x)\widetilde{\psi}(x) = E\widetilde{\psi}(x)$$

ただし，$U(x)$ は以下のものとする．

$$U(x) = \frac{\hbar^2}{2m}\left\{2i\left(\frac{d\phi}{dx}\right)\frac{d}{dx} + \left(\frac{d\phi}{dx}\right)^2 + i\,\frac{d^2\phi}{dx^2}\right\}$$

加わった $U(x)$ は，位置エネルギー $V(x)$ に似たエネルギー項で，電場との相互作用（働き合い）を表す．つまり局所的ゲージ不変性が相互作用を生む．実際，d/dx に比例する項が，運動量演算子 $p = (\hbar/i)\,d/dx$ に比例するところに注目しよう．

8 章

1. 電磁波を波とみたときの振動数 ν と，粒とみたときの光子 1 個のエネルギー E には，従来のプランク定数 h（6.626×10^{-34} J s）を比例係数とした $E = h\nu$ の関係がある．すると，ジュール単位のエネルギーをプランク定数で割れば振動数（ヘルツ単位）になる．その換算を当てはめると，1 ジュール（1 J）は約 2×10^{33} ヘルツ（Hz）に等しい．そのとき $E = h\nu$ は $E^{\dagger} = \nu$ と書けて，プランク定数は消える（$h = 1$）．むろん，$h = 1$ を心得ておくなら，形だけ従来と同じ $E^{\dagger} = h\nu$ を使ってもかまわない．
2. 全エネルギーが E で，位置エネルギー V の空間を運動する質量 m の粒子のシュレーディンガー方程式は次の形をもつ（∇^2 は二階微分演算子の略記）．

$$-\frac{h^2}{8\pi^2 m}\nabla^2\psi + V\psi = E\psi$$

$mc^2/h = m^{\dagger}$，$V/h = V^{\dagger}$，$E/h = E^{\dagger}$，$c\nabla = \nabla^{\dagger}$ の置換で次式に変わる．

$$-\frac{1}{8\pi^2 m^{\dagger}}\nabla^{\dagger 2}\psi + V^{\dagger}\psi = E^{\dagger}\psi$$

文字 h が消えた以外，見た目の変化はない．量子力学の入り口で出合う例題に，長さ L の線分上を運動する粒子のエネルギー計算があり，答えは $E = n^2h^2/8mL^2$（$n = 1, 2, \cdots$）となる．$h = 1$ なら，$L^\dagger = L/c$ を使って $E^\dagger = n^2/8m^\dagger L^{\dagger 2}$（$n = 1, 2, \cdots$）に変わる．もうひとつの例題，調和振動子のエネルギー計算だと，従来の表記は $E = (n + \frac{1}{2})h\nu (n = 0, 1, 2, \cdots)$，$\nu = (1/2\pi)\sqrt{k_f/m}$，$k_f = (\mathrm{d}^2V/\mathrm{d}x^2)_0$ となる．それも $h = 1$ として書き直せば，$x^\dagger = x/c$ を使って $E^\dagger = (n + \frac{1}{2})\nu$，$\nu = (1/2\pi)\sqrt{k_f^\dagger/m^\dagger}$，$k_f^\dagger = (\mathrm{d}^2V^\dagger/\mathrm{d}x^{\dagger 2})_0$ に変わる．量子力学の初歩を学んだ読者に記号の意味はおわかりだろう．

3. 位置 x にいて x 方向の運動量が p のとき，位置と運動量の「交換関係」は $xp - px$ になる．それを交換子とよび，$[x, p]$ と書く［訳注：ベクトルの「内積」と同じ］．量子力学では x も p も演算子（かけ算や微分などを指令するもの）として扱い，量子力学の全体構造は，虚数 $\sqrt{-1}$ を i とする交換関係 $[x, p] = \mathrm{i}h/2\pi$ が基礎になって生まれる．量子力学は虚構の上に立つ，と解釈してもかまわない．
4. $x^\dagger = x/c$ と $m^\dagger = mc^2/h$ から，運動量は $p^\dagger = cp/h$ と書ける．そのとき交換関係 $[x, p] = \mathrm{i}h/2\pi$ は $[x^\dagger, p^\dagger] = \mathrm{i}/2\pi$ に変わる．体重 70 キログラムの読者が，ある地点から 2 メートル離れた場所を秒速 3 メートルで動いていれば，読者は $70\ \mathrm{kg} \times 3\ \mathrm{m/s} = 210\ \mathrm{kg\ m/s}$ の運動量をもち，位置と運動量の積は $2\ \mathrm{m} \times 210\ \mathrm{kg\ m/s} = 420\ \mathrm{kg\ m^2/s}$ に等しい．同じ単位系でプランク定数は $6.6 \times 10^{-34}\ \mathrm{kg\ m^2/s}$ だから，運動量よりずっと小さい．かたや，本文に書いた「$h = 1$」の単位系だと，2 m は約 7 ナノ秒，運動量は 9.5×10^{43} Hz に等しく，位置と運動量の積は 7×10^{35} という数になるため，やはり h よりずっと大きい．
5. ボルツマン定数 k が 1 なら，ボルツマンの墓石に彫られたエントロピーの定義式 $S = k \log W$ は，$S = \log W$ という「ただの数」になる．そのとき完全気体の法則 $pV = NkT$ は $pV = NT^\dagger$ に変わる．$k = 1$ を心得ておけば，式の姿を変えずに $pV = NkT^\dagger$ と書いてもよい．化学では，ものの量（モル単位）を n，気体定数を R（$= N_Ak$．N_A はアボガドロ定数）にして $pV = nRT$ と書くことが多い．$k = 1$ ならむろん $R = N_A$ となる．
6. ₣ を使って簡素化される関係式の例を四つ，次ページの表にまとめた．

	従来の表記	新しい表記
完全気体の法則	$pV = NkT$	$pV₮ = N$
ボルツマン分布	$N_2/N_1 = \mathrm{e}^{-(E_2-E_1)/kT}$	$N_2/N_1 = \mathrm{e}^{-₮(E_2-E_1)}$
調和振動子 N 個のエネルギー	$E = \dfrac{Nh\nu}{\mathrm{e}^{h\nu/kT}-1}$	$E = \dfrac{Nh\nu}{\mathrm{e}^{₮h\nu}-1}$
調和振動子 N 個の熱容量	$C = Nk\left(\dfrac{h\nu}{kT}\right)^2\left(\dfrac{\mathrm{e}^{-h\nu/2kT}}{1-\mathrm{e}^{-h\nu/kT}}\right)^2$	$C = Nk\left(\dfrac{₮h\nu\mathrm{e}^{-₮h\nu/2}}{1-\mathrm{e}^{-₮h\nu}}\right)^2$

7. ここで使う $₮^{\dagger}$ は $h₮ = h/kT$ に等しい.
8. 注記 6 の内容は,さらに $C^{\dagger} = C/k$（無次元）, $V^{\dagger} = V/c^3$（s^3 単位）, $p^{\dagger} = c^3p/h$（$1/\mathrm{s}^4$ 単位）の置き換えで,次の最終形になる.

完全気体の法則	$p^{\dagger}V^{\dagger}₮^{\dagger} = N$
ボルツマン分布	$N_2/N_1 = \mathrm{e}^{-₮^{\dagger}(E_2^{\dagger}-E_1^{\dagger})}$
調和振動子 N 個のエネルギー	$E^{\dagger} = \dfrac{N\nu}{\mathrm{e}^{₮^{\dagger}\nu}-1}$
調和振動子 N 個の熱容量	$C^{\dagger} = N\left(\dfrac{₮^{\dagger}\nu\mathrm{e}^{-₮^{\dagger}\nu/2}}{1-\mathrm{e}^{-₮^{\dagger}\nu}}\right)^2$

9. 微細構造定数 α は,真空の透磁率 μ_0（$= 4\pi\times10^{-7}\ \mathrm{J\ s^2\ C^{-2}\ m^{-1}}$）を使う $\alpha = \mu_0 e^2c/2h$ で定義され, $\alpha = 1/137$ よりくわしく $\alpha = 0.007\ 297\ 352\ 566\ 4$ と書くことも多い.電荷の基本単位をどうみるかで, α

の値にはあいまいさが残る．たとえば，クォークの電荷（$\frac{1}{3}e$）を基本とみれば，α 値は上記の 9 分の 1（約 1/1233）になる．

10. 微細構造定数 α を式で表現した例のひとつに $\alpha = 29\cos(\pi/137)\tan(\pi/(137\times29))/\pi$ がある（電卓を叩いて出る値は 0.007 297 352 531 86…）．
11. 逆二乗則は 7 章の注記 1 に紹介した．質量 m_1，m_2 が引き合う力は $F = Gm_1m_2/r^2$ と書ける（万有引力定数 $G = 6.673\times10^{-11}\ \mathrm{kg^{-1}\ m^3\ s^{-2}}$）．
12. 万有引力定数 G を無次元化したものは $\alpha_G = 2\pi Gm_e^2/hc$ と書ける．電子の質量 m_e を使う必然的な理由はなく，微細構造定数 α の表現が e^2 を含むのに合わせただけだから，計算で出る α_G の値は重力の強さを表す「目安」だと心得よう．

9 章

1. E. P. Wigner：‘自然科学で数学がもつ不合理なまでの効用’（リチャード・クーラント数理科学講演会，1959 年 5 月 11 日，ニューヨーク大学，*Commun. Pure Appl. Math.*, 13, 1-14, 1960 所収）．
2. 数学を世界の土台とみる議論は，“The Creation”（W. H. Freeman & Co., 1981）と “Creation Revisited”（W. H. Freeman & Co., 1992）に述べた．約 20 年後にも M. Tegmark が，たぶん私とは独立に，似た発想を “Our Mathematical Universe”（Penguin, 2014）という本にまとめている［邦訳：谷本真幸 “数学的な宇宙 − 究極の実在の姿を求めて”, 講談社（2016）］．
3. 動物の体表（毛皮）の模様を表す数式については，J. D. Murray の本 “Mathematical Biology”（Springer Verlag, 1989）15 章を参照．
4. ペアノの公理系（簡略版）はつぎのように書ける．

(1) 0は自然数とみる.

(2) 自然数nの後者（次にくる数）は自然数となる.

(3) 自然数mとnは，どちらの後者も同じときにだけ$m = n$とみる.

(4) 後者が0となるような自然数は存在しない.

数nの後者が$S(n)$のとき，足し算（+）の規則は$n+0 = n$，$n+S(m) = S(n+m)$，かけ算（×）の規則は$n \times 0 = 0$，$n \times S(m) = n+(n \times m)$とする.

5. 初期の形の（ただしいまなお簡明とはいえない）レーヴェンハイム・スコーレムの定理は，「可算な一階の理論が無限モデルをもつとき，すべての無限濃度κについて大きさκのモデルをもつ」と書ける．少しかみ砕けば，「算法のような規則群は，公理系の形にまとめられるどんな分野の知識も模倣できる」となる（これでもまだ平易からは遠いだろうが）.

6. とりわけフェルミ粒子（電子のように，スピンが半整数の粒子）では，同等な粒子2個を交換したとき，波動関数の符号が変わる［$\psi(2,1) = -\psi(1,2)$］．符号反転の奥底には相対論がひそむ.

7. 以下，Wikipediaの解説を転載しよう.

《自然数の算術を記述する計算可能で強力な公理系（ペアノの公理系，ツェルメロ・フレンケルの選択公理をもつ集合論など）について（ゲーデルは）つぎのことを証明した.

矛盾のない論理系や形式系は，完全ではありえない.

公理系に矛盾がないことは，公理系そのものを使っては証明できない.

ゲーデルの不完全性定理は，ゴットローブ・フレーゲ（1848～1925）の研究に始まり，アルフレッド・ホワイトヘッド（1861～1947）とバートランド・ラッセル（1872～1970）の『プリンキピア・マテマティカ』，ダーフィト・ヒルベルト（1862～1943）の形式化に結実し，あらゆる数学にとって十分な公理系群の確立を促した》

原論文の英訳 'On Formally Undecidable Propositions' は S. G. Shanker 編 “Gödel's Theorem in Focus” (Routledge, 1988) に載っているが，それには「$0 \mathrm{St}\, v, x = \varepsilon n \mid n \leq l(x) \,\&\, \mathrm{Fr}\, n, x \,\&\, (\overline{Ep})\ [n < p \cdots$」のような記述と格闘する決意が欠かせない．凡人にずっとわかりやすい紹介として，E. Nagel と J. R. Newman の “Gödel's Proof” (Routlegde, 1958) をお勧めする．

8. ここで私は，「かけ算のないペアノ公理系」ともいえる「プレスバーガー算術」を念頭に置いている．明快でわかりやすい解説に，J. Barrow の “New Theories of Everything” (Oxford University Press, 2007) がある．

訳者あとがき

小学校でさんざん苦しんだ「植木算」や「旅人算」も、中学校で文字式を習うと「なぁんだ」でしたね。また、大学に入って量子論を学ぶと、水の分子が「く」の字形になる謎も氷解します。そんなふうに、見た目はややこしいことも大所高所から眺めればスッキリする状況は、理系・文系を問わずよくあることでしょう。

それを「宇宙の謎」へと広げたのが本書だといえます。原著者ピーター・アトキンスは、十数の言語に翻訳された名高い教科書『物理化学（第11版）』（第10版　中野元裕ほか訳、二〇一七年）のほか、『エントロピーと秩序：熱力学第二法則への招待』（米沢富美子・森 弘之訳、一九九二年）、『元素の王国』（細矢治夫訳、一九九六年）、『ガリレオの指：現代科学を動かす10大理論』（斉藤隆央訳、二〇〇四年）、『万物を駆動する四つの法則：科学の基本、熱力学を究める』（同、二〇〇九年）など、一般向け科学書でも広く知られる化学者です。

原著者は、高校でも習う物理法則（エネルギーや運動量の保存、光の直進、屈折の法則、気体の法則、電荷の保存など）を大所高所から眺め、物理世界に浸透している単純な原理あれこれを見抜きます。そして執筆の原点には、「宇宙誕生のとき**ほとんど何も起こらなかった**」という「えっ？」的な発想がありました。要するに造物主（神様）は**手抜き**しつつ宇宙をお生みになった。そして**手抜き**の明白な表れが、本書全体を貫く**エネルギー保存則**だということになります。

原題 "Conjuring the Universe" に使われた珍しい動詞 conjure は、「魔法や呪文で呼び出す（何かをつくる）」を意味し、マジシャンが帽子の中からハトやステッキをヒョイと出す情景によく使われます。一三八億年前といわれる宇宙誕生では「**無**から**何か**ができた」ため、生まれた宇宙は（いま私たちがいる世界も）**無**の性質を受継いでいるはず。運動量や電荷の保存は**無**や**手抜き**の表れ……という説明に、訳者は強い説得力を感じました。

いまの話は哲学めいていますが、ご承知のように物理や化学の現象は、原子・分子のふるまいをもとに考察するのがふつうです。目に見えない原子・分子のふるまいは、温度を仲立ちに（大学で学ぶ）熱力学の諸法則にどうつながっていくのか？　そのとき原著者はまたも独自の発想として、**アナーキー**や**不可知**を使います。

全容解明からはまだ遠い話題だし、原著者も折にふれ自説の限界を告白しているのですが、**手抜き・アナーキー・不可知**といった擬人化をもとに世界（宇宙）を「丸ごと」つかもうとする姿勢には、大いに心を打たれました。**アナーキー**状態の性格を思うだけでも過去に戻れるはずはない、という説明（5章）も納得です。とはいえ、化学屋の端くれでしかない訳者につかみきれない箇所が多々あったことは、正直に白状しておきます。

世界を丸ごとつかみたい原著者の姿勢は、巻末に近い基礎物理定数の考察（8章）、宇宙と数学のかかわり（9章）にもよく表れています。

自然の本性をつかむには、物理・化学・生物学・地学・数学を総合した「理数のアプローチ」が欠かせないと再確認させてくれるのも、功徳のひとつだといえましょう。

そんな本書はおもに理系の大学一・二年生向けでしょうけれど、少し（だいぶ?）背伸びしたい高校生にも参考になりそうですし、「大所高所」の眼力を磨きたい高校・大学教員のお役にも立つだろうと確信しています。

訳稿を仕上げるにあたり、苦手な物理学の部分は高エネルギー加速器研究機構の小林 誠先生に、やはり不得手な数学関係は同僚の秋山 仁先生にご校閲いただき、ご教示と叱咤激励を頂戴しました。心より感謝申し上げます。

末筆ながら、綿密な編集作業を進め、訳語や表現などに貴重な意見をくださった東京化学同人の内藤みどりさんに深謝をささげます。

二〇一九年一〇月

渡　辺　正

索　引

索　　引

さ　行

た　行

索　　引

あ　行

か　行

渡　辺　　正（わたなべ ただし）

1948年鳥取県生まれ．1970年東京大学工学部卒．1976年東京大学大学院工学系研究科博士課程修了．工学博士．東京大学生産技術研究所 教授（1992〜2012）．2012年東京理科大学総合教育機構理数教育研究センター 教授を経て現在，東京理科大学大学院科学教育研究科 嘱託教授．東京大学名誉教授．専門は電気化学，光化学，科学教育，環境科学．

『アトキンス一般化学（上・下）』（東京化学同人，2014，2015），『化学―美しい原理と恵み』（丸善出版，2014），『星屑から生まれた世界』（化学同人，2017），『教養の化学―暮らしのサイエンス』（東京化学同人，2019），『「地球温暖化」の不都合な真実』（日本評論社，2019），などの訳書，『電気化学』（丸善出版，2001），『高校で教わりたかった化学』（日本評論社，2008），『「地球温暖化」狂騒曲』（丸善出版，2018）などの著書を含め約180点の著訳書がある．

無から生まれた世界の秘密

宇宙のエネルギーはなぜ一定なのか

渡　辺　　正　訳

2019年12月17日 第1刷 発行

ISBN978-4-8079-0970-4
Printed in Japan

発行者
小澤美奈子

発行所
株式会社 東京化学同人
東京都文京区千石3-36-7（〒112-0011）
電話（03）3946-5311
FAX（03）3946-5317
URL http://www.tkd-pbl.com/

印刷　新日本印刷株式会社
製本　株式会社 松岳社